Uses of ocean space

해양공간 이용의 기초

박노식

UUP.

해양공간이용의 기초

▪
2012년 7월 6일 **초판 인쇄** ▪ 2012년 7월 13일 **초판 발행** ▪ **지은이** 박노식 ▪ **펴낸이** 이 철
▪ **펴낸곳 UUP.**(울산대학교출판부) 680-749 울산광역시 남구 대학로 93(무거동) 울산대학교 출판부
▪ 전화 (052)259-2488 팩스 (052)277-3011 ▪ **홈페이지** http://uup.ulsan.ac.kr
▪ **출판등록** 제370-1996-000001호(1996.3.13)
▪ ₩ 10,000

ISBN 978.89.7868.281.7 (93530)

발간에 즈음하여

최근 21세기를 맞아 해양의 이용이 중요하게 인식 되면서부터 정부기관 및 관련 산업체를 비롯하여 해양활용을 위한 계획들이 무수히 수립되고 있어 해양산업 발전에 많은 기대를 모으고 있다. 그들 중에서도 해양공간 이용 및 해양자원 개발 계획은 국내 산업계 뿐만 아니라 일반 국민들의 많은 관심을 불러 일으키기에 충분하다. 그러나 이제까지 해양산업은 열악한 자연환경 조건으로 개발의 역사가 짧아 개발계획에 대한 장기 발전계획 수립은 물론 자료의 정리도 매우 미흡한 실정이다. 특히, 해중 또는 심해저 해양개발은 여러 가지 목적에서 이용의 필요성도 중요하지만 해안해양의 개발과 자연환경 보호를 효과적으로 진행하는 것도 중요하다. 해양공간은 분야에 따라 여러 가지 측면에서 분리하고 있으나, 일반적으로 설계기술을 중심으로 사용목적에 따른 분류에 의하면 저장공간, 거주공간, 생산공간, 레저공간 및 수송공간으로 분류하고 있다.

본 해양공간 이용의 기초 이론 및 사례의 정리에 있어서는 첫째로 해양에 대한 범위가 넓어 개론적인 정리가 쉽지 않아서 기본적인 기초가 되는 해양의 외적하중 추정의 기초지식을 정리하고 구조물에 작용하는 외력의 이해를 돕고자 하였다. 둘째로, 해양구조물에 작용하는 여러 가지 외력들에 대하여 실제 적용하여 유체력을 계산하는 방법들을 소개하였으며, 오랫동안 학생들과 만든 실제 계산에 활용 하였던 연습 푸로그람을 수록하였다. 또한 셋째로, 학계와 산업체 간의 협력체제를 도모하기 위한 기초자료로 활용할 수 있도록 해양공간이용 예를 수록 하였다.

자료는 지면과 조사기간의 제한상, 이미 건조된 대형구조물을 중심으로 다양성을 고려하여 정리하였다. 그의 일례로 해상소각로, 담수프랜트, 복합발전소, 석유화학 정제프랜트, 석유비축기지 등과 같은 BMP사업분야, 해상호텔, 해양박물관, 해상공연장, 해상 레저 타운 등과 같은 관광 레저 산업분야, 해상공항, 해상정보도시, 해상화물 및 여객터미날과 같은 대형구조물분야, 해양환경 친화적 부유소파제, 부교 및 부유항만시설 분야, 해양자원 개발을 위한 석유시추 및 생산시설 분야를 중심으로 수록 하였다.

금번 해양공간이용에 관한 자료의 발간은 자료가 매우 부족하지만 본 발간을 계기로 자료를 조금씩 보충해 간다면 더 좋은 자료로 활용 될 수 있기를 바란다.

저자 씀

차 례

1장
서 론

1. 해양공간의 이용

바다는 지구의 4분의 3이라는 넓은 면적을 차지하고 있다. 그 동안 인류는 바다에서 많은 도움을 얻었다. 수많은 어류와 수산자원들은 바다가 아니면 얻기 힘든 소중한 자산 이었다. 또한 해양국가에서는 비디가 다른 세상과 연결해주는 유일한 통로였다. 최근에는 물고기를 잡고 뱃길로 이용하는 데서 그치지 않고 해저에 묻힌 석유를 비롯해 갖가지 광물 자원을 캐내기 위해 노력하고 있다. 지금도 전 세계의 해양에는 수많은 시추선과 탐사선들이 여러 가지 장비를 바다 속으로 드리우고 있다. 바다는 자원뿐만 아니라 엄청난 에너지도 제공해준다. 드넓은 바닷물은 그 자체가 무한한 에너지원이다. 조수 간만의 차를 이용하는 조력발전, 파도의 힘을 이용하는 파력발전, 해양의 온도 차이를 이용하는 온도차 발전 등은 태양열과 마찬가지로 무진장하며 공해 없는 청정에너지라는 점에서 미래의 에너지로서의 가능성을 가진다.

이처럼 바다는 자원, 에너지, 그리고 생활공간을 마련해 줄 수 있는 무한한 가능성을 가진 인류의 터전이다. 오늘날 육지는 더 이상 개발할 공간이 남아 있지 않은 상황에서 많은 환경론자들은 얼마 남지 않은 원시림과 미개척지들을 그대로 남겨 두어야 한다고 주장하고 있다.

해양공간은 해안을 비롯하여 해상, 해중, 해저를 포함한 해양 영역으로서 세계 각국은 앞으로 다가올 식량난과 에너지 자원의 고갈에 대비해 1960년대 후반부터 본격적으로 해양공간을 개발하려고 노력하고 있다. 또한 세계는 해양과학기술의 발달과 함께 유엔 해양법협약의 발효에 의해 신 해양질서가 형성되고 있으며, 각국마다 자국의 자원보호를 위하여 배타적 경제수역을 경쟁적으로 선포하고 있다. 따라서 이전 수산업위주의 해양공간 이용이 해상도시, 해상 플랜트, 해상공항 등으로 바뀌어 가고 있다.

최근 해양공간이용을 위한 기술들이 급진적으로 개발 되고 있으나 아직까지는 매우 미흡한 실정이다. 이에 본고에서는 가장 기초가 되는 외적하중 추정에 직접 활용할 수 있는 기초에 대하여 언급하였다.

2. 해양공간의 이용분야 및 현황

해양공간은 오래 전부터 해상수송, 항만, 어업의 터전으로서 중요한 역할을 해왔다. 최근에는 컴퓨터의 급속한 진보로 해양공간 이용 방법이 최근 급속하게 발전하게 되었고, 특히 해저석유 굴삭용 리그나 생산용 플랫폼이 많이 건조됨에 따라 부유구조물의 운동이나 계류에 대한 연구가 급성장 하고 점점 심화되고 있다. 그러나 해양을 전공하거나 관심 있는 사람들이 이 분야에 접하기는 그다지 쉽지 않다. 특히 최근 들어서는 부유공항, 부유식 교량, 친수공간(waterfront) 개발을 통해 근대적인 기능을 갖춘 새로운 도시의 건설과, 바다가 가진 쾌적성을 요구하는 해양 레크레이션 기능에 대한 사회적 요구가 증대하여 해양공간의 이용은 점점 다양한 분야로 확대되고 있다. 해양의 광대한 공간을 이용하여 교통시설, 물류기지, 레저시설, 신도시 등이 새롭게 건설·조성되고 있으며, 각종 공장시설을 바지(barge)에 탑재하여 개발도상국에 수출하는 해상플랜트 바지는 현재 상당수 건조된 바 있다.

현재 해양공간은 생활공간, 생산·산업공간, 교통 및 수송 공간, 레저공간, 저장공간, 증·양식공간 등으로 활용되고 있고, 앞으로는 더욱더 그 기능이 한층 확대될 것이다.

[표 1-1]는 해양공간이용 분야 및 실 이용분야를 정리한 것이다.

[표 1-1] 해양공간이용분야

<table>
<tr><th colspan="3">용도</th><th>기기 및 시스템의 예</th></tr>
<tr><td rowspan="2">1.해양조사</td><td colspan="2">공중조사</td><td>·인공위성 ·항공기</td></tr>
<tr><td colspan="2">해상, 해중조사</td><td>·조사선 ·잠수조사선 ·관측Buoy(유, 무인)</td></tr>
<tr><td rowspan="6">2.해양자원이용</td><td rowspan="3">해저
석유
자원</td><td>해저
석유
굴삭
장치</td><td>·갑판 승강식(jack-up type). 선박형구조물
·반잠수식구조물 ·각종 빙해용 구조물</td></tr>
<tr><td>해저
석유
생산
설비</td><td>·각종생산용구조물 Module, Jacket구조물
·Gravity 구조물 ·Guyed tower구조물
·Tention leg platten ·부유식 시스템
·해저석유 생산 시스템</td></tr>
<tr><td>지원
시설</td><td>·Deck barge ·Crane barge ·Supply boat
·Self-elevating Platform ·Launching barge
·Pipe laying vessel ·잠수작업기기</td></tr>
<tr><td colspan="2">해양광물자원</td><td>·열수광상 채광시스템 ·코발트각 채광시스템
·망간단괴 채광시스템</td></tr>
<tr><td colspan="2">해수자원</td><td>·해수담수화 Plants, 우라늄회수 Plants</td></tr>
<tr><td colspan="2">해양생물자원</td><td>·증양식 시설, 해양목장, 해조해초류 대량 재배</td></tr>
<tr><td rowspan="2">3.해양에너지</td><td colspan="2">운동 · 위치에너지</td><td>·해류 및 조력발전, 파력발전, 풍력발전</td></tr>
<tr><td colspan="2">열, 생물에너지</td><td>·온도차발전, 해초에너지</td></tr>
<tr><td rowspan="3">4.해양공간이용</td><td colspan="2">산업용설비</td><td>·해상 Plant barge ·해상석유비축기지</td></tr>
<tr><td colspan="2">교통설비</td><td>·해상공항</td></tr>
<tr><td colspan="2">도시기능</td><td>·해상호텔 ·해상도시 ·매립식 인공섬</td></tr>
<tr><td rowspan="2">5.항만정비</td><td colspan="2">항만정비</td><td>·각종작업선 ·소파장치</td></tr>
<tr><td colspan="2">교통관련</td><td>·침매 Tunnel</td></tr>
<tr><td>6.환경정비</td><td colspan="2">환경정비</td><td>·유류회수선 ·Oil펜스 부실선</td></tr>
</table>

3. 해양공간 이용의 미래

새로운 해양개발의 분야는 한 없이 넓고 다양하지만 세계의 바다에서 공통으로 행하여지고 있는 개발은 석유의 개발이다. 따라서 석유개발을 위한 투자가 다른 어떠한 해양개발 투자보다 많다. 석유개발의 확보는 매우 중요한 과제이기 때문에 계속 될 것으로 이는 다른 해양이용의 기술 진보에 가장 큰 영향을 줄 것으로 예상한다. 바다는 육지와 전혀 다른 환경이기 때문에 종류가 다른 많은 현대기술을 사용하지 않으면 안 된다. 이러한 점에서 해양을 이용할 기술자에 있어서는 정말로 미래가 있는 산업이다. 또 한편 최신 현대기술을 요구하고 있기 때문에 이 기술을 육성하고 있는 산업은 경제적으로 좋은 영향을 받는다. 그러나 해양공간의 이용이 많으면 많아질수록 해면이나 해안이 오염되고 있다. 미래의 해양산업은 크게 해양자원의 이용, 해양공간의 이용, 해수자원의 이용 및 해양에너지의 이용 등으로 분류 하고 있지만 해양 공간 이용은 자연의 아름다움을 지키면서 해양을 인류에 도움이 되도록 이용하는 것이 미래의 해양 공간 활용으로 생각되며 모든 분야가 독립적이기 보다는 상호 연관되어 있어 기술진보에 공통적으로 대처할 필요가 있다.

■ ■ ■

2장 해양환경의 기초

1. 수면파

최근 급속도로 컴퓨터의 발달로 넓은 해양의 특성, 즉 해양이 가진 생물자원, 광물자원, 각종 Energy자원, 공간의 자원 이용개발이 가능하게 됨에 따라, 해양이 가진 중요성이 비약적으로 높아지고 있다.

주요 해양 공간개발로서 크게 분류하여 보면 해저자원, 해상플랜트산업용 공간으로서의 이용, 해중공원, 해상 도시등과 같은 생활용 공간으로서의 해양오염의 방지, 해양오염의 정화, 자연경관상태의 보전 등이 필요하다. 이들의 해양 공간 활용을 보다 효율적으로 이용하기 위하여 해양파의 기본적인 특성을 정리한다.

1) 파에 관한 여러 가지 정의

해안에 서서 파면을 바라보면 수초에서 수십 초의 주기를 가진 파가 끊이지 않고 밀려오는 것을 관찰 할 수 있다. 이 파는 규칙적인 주기를 가진 것이 아니고 불규칙한 파면임을 알 수 있다.

여기에서는 [그림 2-1]에 표시한 것처럼 해양파를 정현파로 취하여 물의 파에 관한 기본적인 양을 정의하고, 그것을 표현하기 위하여 다음과 같은 기호를 정리한다.

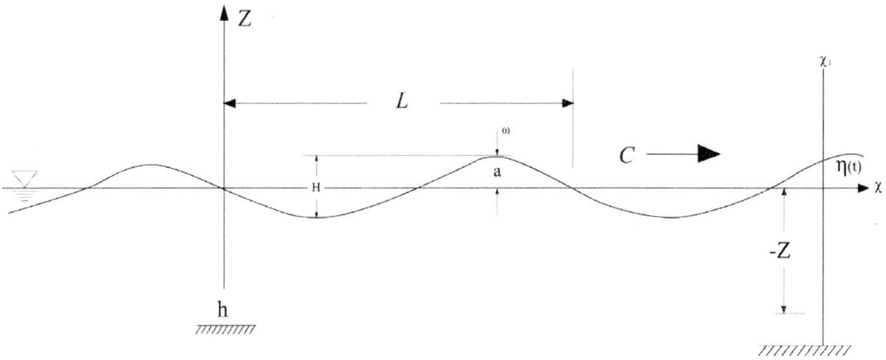

[그림 2-1] 파의 제원

여기서,

H (파고) : 파 1개의 산에서 계곡까지의 높이

a (진폭) : 정수위로부터 파의 산 또는 계곡까지의 높이로써, 정현파의 경우는 반파고 H/2와 같다.

L(λ;파장) : 파 1개의 산에서 산까지의 거리이다.

T(파주기) : 수면에 있는 1점에서, 파의 어떤 위상으로부터 다음의 같은 위상에 도달하는 데까지의 시간간격이다.

파동운동을 논의하는 경우에 파장주기와 같이 자주 쓰이는 양은 다음에 정의된 파수(k) 및 각주파수(ω)이다.

k(=2π/λ) : 파수 (wave number)라 하며, 거리에 대한 위상변화

ω(=2π/T) : 각주파수(angular frequency)이며, 시간에 대한 위상의 변화

f(=1/T) : 주기의 역수를 간단히 주파수라고 부른다.

C : 파속 (wave velocity)으로 엄밀히는 파의 위상속도(phase velocity)이며, 파형이 전파하는 속도이다.

Cg : 군속도 (group velocity)라 하며, 주기를 달리하는 파의 합성파가 전달되는 속도(파의 energy가 전하는 속도)이다.

η(x, y, t) : 파면 (wave surface)에 파에 의한 수면의 시간공간적변동(이것은 파면의 일반적인 표현으로 다음과 같이 표시)이다.

η(t) : 수위변동 (surface elevation, surface-time history)으로 수면의 1점에 있어서 수위의 시간적 변동이다.

η(x, y) : 수면파형 (surface profile)으로 어느 순간에 있어서 파면의형(공간적 변동)이다.

P(x, y, z, t ; h) : 물속의 파에 의한 압력변동(wave pressure)으로 변동파면에 대응하여 시간 공간적으로 변화하나, z방향 즉 깊이 방향으로도 변화한다.

유한수심의경우에는 수심도 영향 u, v, w : 파입자 속도

(water paticle velocity)이다. 파에 의한 수중의 물입자의 속도로, u, v, w 는 각각 x, y, z 성분에 대응한다.

E : 파 energy는 파로부터 수중으로 전달되고 있는 전 energy로, 위치 energy(Ep)와 운동energy(Ek)로 분류한다.

Ep : 위치에너지 (potential energy)는 파의 운동에 의해 물입자가 평형위치 보다 연직방향으로 이동한 것에 의한 위치 energy 이다.

Ek : 운동 energy (kinetic energy)는 파의 운동에 기인하는 물입자의 궤도 운동에 의한 energy이다.

W : 파의 수송 energy (energy flux)

파의 진행방향으로 수송되는 energy로 전술의 전 energy가 군속도로 전달된다.

2) 각종파의 분류 및 명칭

바다의 파 또는 일반적으로 수면파에 관련하여 여러 가지 명칭이 있다. 어느 것은 학문적인 분류에 의해, 어떤 것은 그 특성적인 성질에 의해 부쳐진 것이 있으나 이것을 일괄 정리하여 정의한다.

단, 분류의 명칭이 많은 것은 다른 차원의 분류나 명칭의 것도 있기 때문에 대부분은 서로 함께 사용된다.

(1) 수심에 의한 분류

(a) 심해파(deep water wave)
수심이 파의 반파장보다 깊고($h/\lambda \geq 1/2$), 파의 운동이 수심에는 무관한 파, 표면파라고도 한다.

(b) 천수파(shallow water wave)
수심 h가 파의 파장에 비하여 충분히 얕고 ($h/\lambda < 1/2$), 파의 운동이 수파에 의존하는 파로 수심의 감소에 따라 장파로 이행한다.

(c) 장파(극천수파 : long wave)
수심이 파의 파장에 비하여 충분히 얕고 ($h/\lambda < 1/25$), 파의 운동이 수심의 영향을 매우 강하게 받는 파를 말한다.

(2) 진행성에 의한 분류

(a) 진행파 (progressive wave)
특정의 방향으로 진행하는 파를 말한다.

(b) 중복파(정상파 : standing wave)
서로 진행하는 주기 및 진폭이 같은 파가 합성되어 생기는 파처럼 어떤 방향으로도 진행하지 않는 파이다.

(c) 부분중복파 (partial standing wave)
주기는 같으나 진폭을 달리하는 2개의 역행파가 합성되는 경우에 발생되는 파로 진행파와 중복파가 합성된 파라고 간주할 수 있다.

(3) 복원력에 의한 분류

(a) 중력파 (gravity wave)

중력이 복원력으로 되는 파를 말한다.

(b) 표면장력파 (capillary wave)

표면장력이 복원력이 되는 파, 양자의 중요도는 파의 주파수에 의존하고, 수 Hz이하의 주파수의 파는 중력파로 간주되며, 수십 Hz이상의 주파수의 파는 표면장력파로 간주된다.

(4) 운동이 규칙적인가 어떤가에 의한 분류

(a) 규칙파 (regular wave)

규칙적인 pattern을 하는 파로, 다음 2종류로 분류된다.

단일주기의 파(monochromatic wave) : 단일주기의 규칙적인 파형의 파

복합파 (composite wave) : 주파수 및 위상이 단순한 관계를 가진 복수개의 단일주기 규칙파가 합성된 파를 말한다.

(b) 불규칙파 (irregular wave, random wave)

해양파와 같이 시간공간적으로 불규칙하게 변동하는 파, 이것은 진폭, 주기, 진행방향 등을 달리하는 무한히 많은 파가 불규칙한 위상에서 합성된 결과로부터 생긴다고 생각한다.

(5) 파봉선의 형에 의한 분류

(a) 2차원파 (Long crested wave)

파의 봉이 파의 진행방향과 직각방향으로 같은 모양으로 연결된 파이다.

(b) 3차원파 (short crested wave)

파의 봉이 파의 진행방향과 연직방향으로 변동하고 있는 파. 진행 방향을 달리하는 복수개의 파가 합성된 결과로 생기며, 파봉선이 잘라져 보인다.

(6) 파형 구배에 의한 분류

(a) 미소진폭파 (선형파)

파형구배가 작고, 비선형성이 작은 파로써, 파형이 정현파에 가깝다.

(b) 유한진폭파 (비선형파)

파형구배가 크고, 비선형성이 큰 파로 중력파의 경우에는 파봉이 뾰쪽하고, 파저가 평편하다. 표면장력파의 경우에는 역이다.

(7) 해양에 있는 각종파

(a) 풍파 (wind wave, sea)

파의 발생역내에 있어서 바람의 작용을 받고 있는 파이다.

(b) swell

풍역(발생역)을 벗어난 무풍 또는 미풍의 곳을 진행하고 있는 파로서 주기가 길면 길수록 파속이 크기 때문에 장주기 성분만큼 풍역 외의 원방의 지점에 빨리 도달하기 때문에 주기가 길다. 해역에 따라서는 비교적 단주기 swell도 있다.

(c) 장주기파 (Long period wave)

확실하게 한 정의는 아니나 일반적으로 수십초 이상 주기의 파로써 여러가지 만들어지는 원인이 혼재하고 있다. 주기 수분에서 수십 분의 surf beat 등이 유명하다. 조석, 쯔나미 등을 제외한 장주기의 시간적 변동을 통 털어 장주기파라 부르는 경우도 있다.

(d) 삼각파

여러 가지 방향으로 진행하는 파의 합성으로 파형구배가 큰 파봉의 파이다.

(e) 내부파 (internal wave)

염분이 많은 물과 적은 물, 찬물과 따뜻한 물, 밀도가 다른 유체의 경계층에 생기는 파로 밀도구배가 크고, 밀도가 연속적으로 변화하지 않는 경우도 생긴다.

3) 파동의 일반적 성질

x방향에 시간적으로 파형의 변화는 없이 전파하는 정현파는 일반적으로 다음과 같이 표현된다.

$$\eta(x, t) = a \sin(kx - \omega t + \varepsilon) \tag{2.1}$$

a : 파의 진폭, k : 파수. λ : 파장

$$k = 2\pi/\lambda \tag{2.2}$$

ω는 각주파수로 파주기 T와의 사이에 다음의 관계가 있다.

$$\omega = 2\pi / T \tag{2.3}$$

ε은 파의 기준위상으로, 1개의 파를 생각하는 경우에는 원점을 적당하게 취하면 0으로 하는 것이 가능하나, 많은 파의 공존을 생각하는 경우에는 대단히 복잡하고 중요하다.

어느 순간의 파형을 예를 들어 사진에 찍힌 파형은 위 식에서 표현되는 파면은 시간을 고정하여 본 것과 같기 때문에 ωt 는 정수가 되며 이것을 위상 ε의 속에 포함 시키고, 즉 원점을 적당하게 이동하면 다음과 같다.

$$\eta(x) = a \sin kx = a \sin 2\pi x / \lambda \tag{2.4}$$

즉 파면은 파장 λ로써 공간적으로 변동한다. 바꾸어 말 하면, 공간의 어느 일점에 있는 파면의 시간적 변동은 x를 고정하고 시간원점을 적당하게 이동하는 것에 의해 다음과 같이 된다.

$$\eta(t)=a\ \sin\ \omega t\ =\ a\ \sin\ 2\pi t\ /\ T \tag{2.5}$$

즉 파면은 주기 T로써 시간적으로 변동한다. 또한 파면 전체적인 위상을 Q ,

$$Q = kx - \omega t + \varepsilon \tag{2.6}$$

라 취하면

$$\frac{dx}{dt} = \frac{\omega}{k} = \frac{2\pi/T}{2\pi/\lambda} = \frac{\lambda}{T} = C = \frac{\omega}{k} \tag{2.7}$$

로 주어지는 속도 C로써 이동하는 좌표계로부터 보면 위상 Q는 $x = ct = \frac{\omega}{k}t$ 를 (2.6)식에 대입하면 알 수 있듯이 일정 값을 취하고, 따라서 파면의 상태는 같아진다. 즉 (2.1)식에서 주어지는 파면은 ω/k로서 x 방향으로 전파한다. 이 파면의 전파속도를 파의 위상속도(phase velocity)라 부른다.

전술의 파를 일반화 하면 수면을 임의의 방향 θ로 전달하는 파는 다음과 같이 표현된다.

$$\eta(x,\ y,\ t) = a\ \sin\ [\ k\ \cos\theta x + k\ \sin\theta y - \omega t + \varepsilon\ ] \tag{2.8}$$

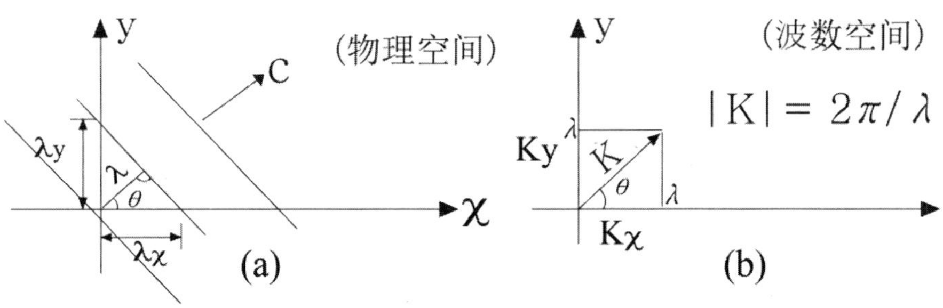

[그림2-2] θ 방향으로 진행하는 파의 표현 (파장 λ)

[그림 2-2] (a)에서 보듯이

$$\lambda_x = \lambda / \cos\Theta, \quad \lambda_y = \lambda / \sin\Theta \tag{2.9}$$

이다. θ=0라 한다면 x방향으로 전하는 파에서 (2.1)식이 된다. 파수공간에서 생각하면 [그림 2-2] (b)와 같이 파수Vector K를 도입하면 K의 성분은

$$k_x = k\cos\Theta, \quad k_y = k\sin\Theta \tag{2.10}$$

절대치는 $k = |\boldsymbol{K}|$ (2.11)

이므로 (2.8)식은 다음과 같이 간단히 표시할 수 있다.

$$\eta(\mathbf{X}, t) = a \sin(K \cdot \mathbf{X} - \omega t + \varepsilon) \tag{2.12}$$

단, **X**는 좌표 vector로, **K**·X는 파수Vector와 좌표 Vector **X**의 내적이다.

4) 파의 합성

[그림2-3]에 표시한 것처럼 θ1 및 θ2가 다른 방향으로 진행하고 진폭이 같은 2개의 파를 생각하여 보자. 그림을 보면 직관적으로 알 수 있듯이 2개 파의 파정이 일치하는 위상에서는 합성파의 수위는 최고가 되며 2개의 파의 파저가 일치하는 위상에서는 합성파의 수위는 최저가 되며 평면적으로 능형의 3차원적인 파면이 형성된다. 이 2개의 파의 합성파면의 수학적 표면을 간단히 하기 위하여 기준위상을 $\varepsilon_1 = \varepsilon_2 = 0$로 한다면

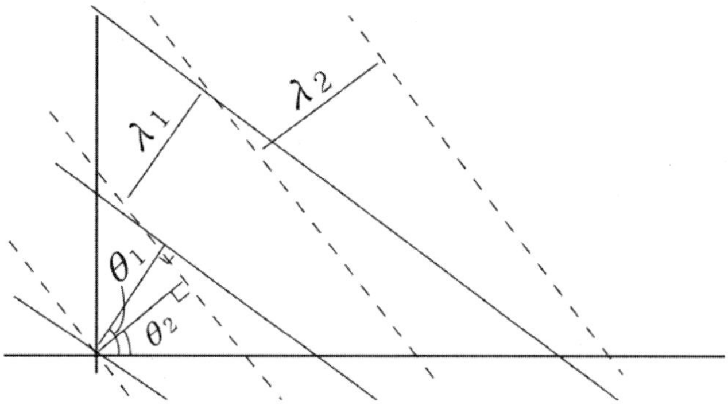

[그림2-3] θ 1,θ 2 방향으로 진행파

$$\eta = \eta_1 + \eta_2 = \sin(k_{x1}x + k_{y1} - \omega_1 t) + a\sin(k_{x2}x + k_{y2} - \omega_2 t)$$
$$= 2a\cos(\triangle k_x x + \triangle k_y y - \triangle\omega t) \times \sin(k_x x + k_y y - \omega t) \quad (2.13)$$

단

$$\triangle k_x = (k_{x1} - k_{x2})/2, \triangle k_y = (k_{y1} - k_{y2})/2$$
$$\triangle\omega = (\omega_1 - \omega_2)/2$$
$$k_x = (k_{x1} + k_{x2})/2, \ k_y = (k_{y1} + k_{y2})/2$$
$$\omega = (\omega_1 + \omega_2)/2 \quad (2.14)$$

이다. 이 합성파의 특성을 이해하기 위하여 2~3개의 간단한 예를 들어보자.

Ex1] short crested wave

$k_1 = k_2$, $\theta_1 = -\theta_1$, $\omega_1 = \omega_2$

즉, $k_{x1} = k_{x2} \div kx$, $k_{y1} = -k_{y1} \div k_y$ (2.15)

의 경우 (파수에 따라 파장이 같고 전파방향이 x축에 대하여 대칭인 경우)를 생각하여 보자. (2.13), (2.14), (2.15)식으로부터

$$\eta = 2a \cos k_y y \sin(k_x x - \omega t) \quad (2.16)$$

이 된다. 이것은 y방향으로 변화하는 진폭을 가지고 x방향으로 전파하여 가는 파, 즉 x방향으로 진행하는 shot crested wave를 나타낸다. (2.13)식 자체도 조금 복잡한 short crested wave를 나타낼 수 있다.

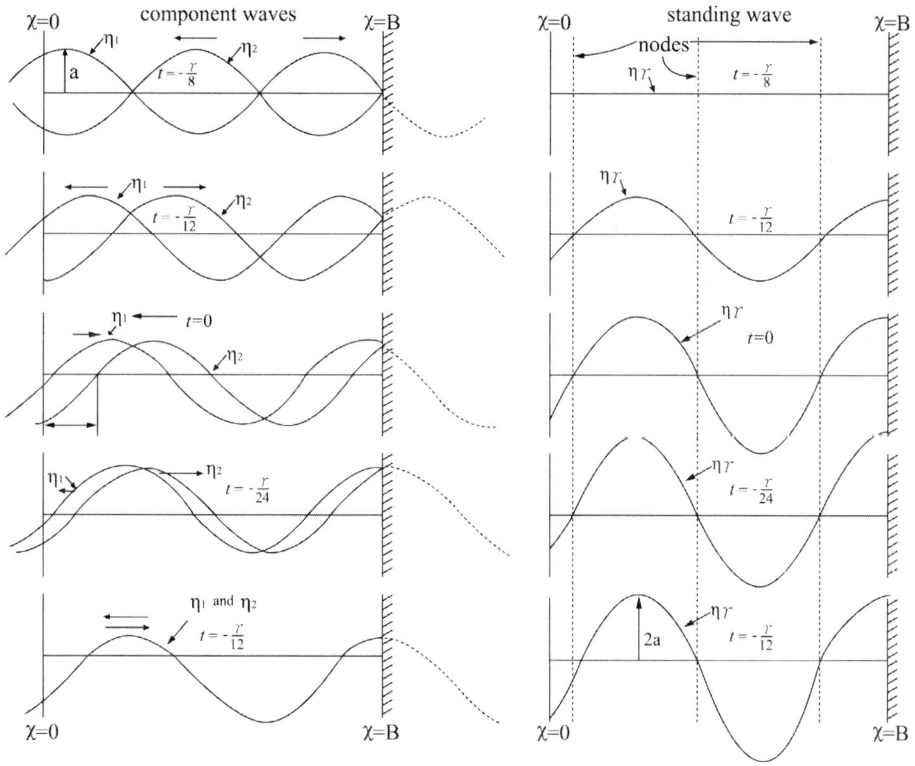

[그림2-4] 정상파의 발생

Ex2] 중복파

$$k_{x1} = 1k_{x2} = k_x, k_{y1} = k_{y2} = 0, \omega_1 = \omega_2 = \omega \quad (2.17)$$

즉 x축에 따라 서로 역으로 진행하고, 파수와 각주파수가 같은 파를 생각하면, (2.13), (2.14) 및 (2.17)식으로부터

$$\eta = -2a\cos k_x x \cdot \sin\omega t \tag{2.18}$$

이것은 시간 공간적으로 변동하나, 특정방향으로 진행하지 않는다.
말하자면, 중복파(정상파)를 나타낸다.

Ex3] 군파

$$k_{x1} \div k_{x2}, k_{y1} = k_{y2} = 0, \omega_1 \simeq \omega_2 \tag{2.19}$$

즉 x방향으로 진행하는 파수 및 각 주파수가 똑 같은 2개의 파의 합성을 생각한다. 이것은 (2.14), (2.19)로부터

$$\begin{aligned} &k_{x1} \simeq k_{x2},\ k_y = 0,\ \omega \simeq \omega_1 \\ &\Delta k_x,\ \Delta k_y = 0,\ \Delta\omega \end{aligned} \tag{2.20}$$

이므로 $$\eta \simeq 2a\cos(\Delta k_x x - \Delta\omega t)\cdot\sin(k_{x1}x - \omega_1 t) \tag{2.21}$$

$\Delta k_x \ll k_{x1},\ \Delta\omega \ll \omega_1$이므로

이것은 진폭이 시간공간적으로

$$\eta \simeq 2a\cos(\Delta k_x x - \Delta\omega t) \tag{2.22}$$

파는 smooth하게 변화하나 파수 및 각주파수는 근사적으로 원래의 파의 파수와 같은 파를 나타낸다. 전자는 포락파(envelope), 후자는 반송파(carrier wave)에 대응한다. 개개의 파 η_1, η_2는 거의 같은 파속으로 진행하고 있으나, 파장 및 파속의 차가 있기 때문에 간섭의 패턴이 늦어져 이와 같이 특이한 합성파가 형성된다.

원래의 파에 가까운 파수를 가지는 반송파는 원래의 파에 가까운 파속으로 진

행하고 있으나 완만하게 변화하고 있는 포락파는 별도(이것은 반송파의 속 또는 군으로 볼 수 있다)의 속도

$$Cg' = \Delta\omega \;/\; \Delta k \tag{2.23}$$

로 진행하고 있다. 이 포락파의 진행속도는 일반적으로는 위상속도와는 달리 이것을 군속도라 부른다.

(2.23)식에서 Δk→0, Δω→0로 한 극한

$$\lim_{\Delta k \to 0,\, \Delta\omega \to 0} \frac{\Delta\omega}{\Delta k} = \frac{d\omega}{dk} = Cg \tag{2.24}$$

를 취하면, 단일파에 대하여서도 군속도를 정의 할 수 있다. 이와 같이 정의된 군속도 Cg는 파 energy의 전반속도와 같기 때문에 이것을 군속도의 정의로 하는 경우도 많다. 한편 반송파의 속도 즉 위상속도는 (2.7)식에 표시한 것처럼 c = ω / k 이기 때문에 ω = kc 가 되며 이것을 (2.24)식에 대입하면

$$Cg = \frac{d(kc)}{dk} = c + k\frac{dc}{dk} \tag{2.25}$$

혹은 k = 2π / λ를 고려하여

$$Cg = C - \lambda\frac{dc}{d\lambda} \tag{2.26}$$

이 된다. (2.25) 또는 (2.26)식으로부터 알 수 있듯이 파 위상속도 C가 파수 또는 파장에 의존하는 경우에는 군속도는 파의 위상속도와는 달라진다. 이와 같은 파의 위상속도가 파수 혹은 파장에 의존하는 파를 분상성의 파라 부른다. 같은 파에 있어서도 음파 혹은 탄성파 등에서는 이와 같은 것은 없다. 이와 같은 파를 비분산성파라 부른다.

5) 수면파에 관한 기본식

먼저 파의 운동을 지배하는 방정식을 도출하고, 다음에 파형구배가 작은 파로 간주하는 선형근사해, 즉 미소진폭파의 해를 구한다.

미소 진폭파는 근사해이지만 수파의 기본적 성질의 대부분은 미소진폭파의 해에 의하여 표시되고 있다.

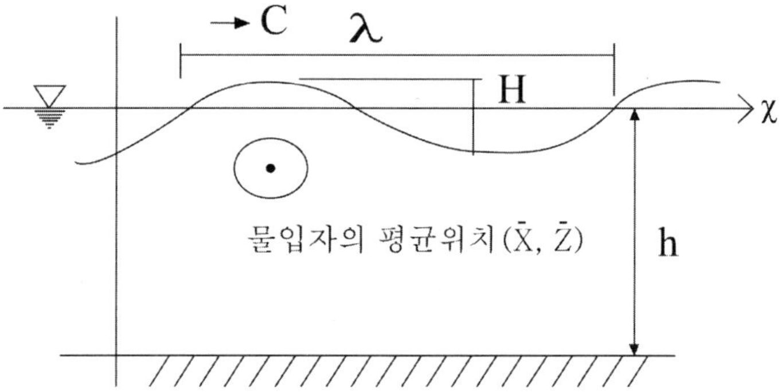

[그림2-5] 기본적인 좌표계

(1) 파의 운동을 지배하는 방정식

파를 간단히 생각하기 위하여 그림과 같이 진행하는 단일주기의 규칙파를 생각하자. 물의 압축성은 무시한다. 물의 점성은 매우 단주기파의 감쇠, 파의 고차의 운동에 기인하는 흐름에는 무시할 수 없는 영향을 미치나, 해양의 지배적인 파의 운동의 기본적인 성질에 대하여는 무시할 수 있다.

물의 점성의 영향을 무시한다면 정지 상태로부터 중력의 영향 등 자연력을 받아서 일어나는 운동은 비회전이기 때문에 속도 potential Φ가 존재한다. [그림 2-5]에 표시한 것처럼, 좌표계(x, z)를 고려, x를 파의 진행방향으로, z를 평균수면으로부터 연직상방으로 취하면, 운동은 x-z 평면 내에서 생기고 y방향에는 일정한 것이라 한다.

파입자의 속도 x, z 성분 u, w는 속도 potential Φ에 의해 다음과 같이 표시된다.

$$u = \frac{\partial \Phi}{\partial x}, \quad w = \frac{\partial \Phi}{\partial z} \tag{2.27}$$

따라서 물의 압축성을 무시한 연속의 식은

$$\frac{\partial u}{\partial x} + \frac{\partial w}{\partial z} = 0 \tag{2.28}$$

다음과 같이 즉 Laplace 식을 만족한다.

$$\frac{\partial^2 \Phi}{\partial^2 x} + \frac{\partial^2 \Phi}{\partial^2 z} = \nabla^2, \ \Phi = 0 \tag{2.29}$$

수저에 있어서는 물입자의 연직방향의 속도 성분은 0이기 때문에 다음 식이 얻어진다.

$$\omega \mid_{z=-h} = \frac{\partial \Phi}{\partial z} \mid_{z=-h} = 0 \tag{2.30}$$

의 자유표면을

$$F(x, z ; t) = \eta(x : t) - z = 0 \tag{2.31}$$

와 같이 표시할 수 있다고 한다면, 파의 운동이 안정이고, 쇄파 등이 생기지 않는 경우에는 자유표면상의 압력은 대기압으로 일정하므로, 운동역학조건

$$\frac{DF}{Dt} = \frac{\partial F}{\partial t} + u\frac{\partial F}{\partial x} + v\frac{\partial F}{\partial y} + w\frac{\partial F}{\partial z} = 0 \tag{2.32}$$

가 성립하지 않으면 안 된다. 여기에서 y에 관계없이 (2.31)식을 (2.32)에 대입하면

$$\frac{DF}{Dt} = \frac{\partial \eta}{\partial t} + u\frac{\partial \eta}{\partial x} - \omega = 0$$
$$\therefore \omega = \frac{\partial \eta}{\partial t} + u\frac{\partial \eta}{\partial x} \tag{2.33}$$

(2.33)식을 (2.27)식의 속도 potential에 대입하면

$$\left(\frac{\partial \Phi}{\partial z}\right)_{z=\eta} = -\frac{\partial \eta}{\partial t} + \left(\frac{\partial \Phi}{\partial x}\right)_{z=\eta} \cdot \frac{\partial \eta}{\partial x} = 0 \tag{2.34}$$

이 된다. 수중의 임의 점의 압력은 압력방정식 (Bernouli eq.)

$$\frac{p}{\rho} = \frac{p_0}{\rho} - \frac{\partial \Phi}{\partial t} - \frac{1}{2}\left(\left(\frac{\partial \Phi}{\partial z}\right)^2 + \left(\frac{\partial \Phi}{\partial x}\right)^2\right) - gz + F(t) \tag{2.35}$$

로 주어진다. 여기에 ρ는 물의 밀도, g는 중력가속도, F(t)는 임의의 부가함수로 시간만의 함수. 무풍상태로 파에 의한 대기의 운동효과를 무시한다면 수면에서 받는 압력은 일정의 대기압 p0 와 같다. 따라서 부가함수 F(t)를 ∂Φ / ∂t 속에 포함하여 생각하면 (2.35)식으로부터 수면 z=η에 있어서는 다음식이 성립한다.

$$\left(\frac{\partial \Phi}{\partial t}\right)_{z=\eta} + g\eta + \frac{1}{2}\left(\left(\frac{\partial \Phi}{\partial x}\right)^2 + \left(\frac{\partial \Phi}{\partial \eta}\right)^2\right)_{z=\eta} = 0 \tag{2.36}$$

(2.30), (2.34) 및 (2.36)식으로 표시된 경계조건을 만족하는 (2.29)식의 해를 구하지 않으면 안 된다. 그러나 위식에서 일반적으로 엄밀해를 구하는 것은 매우 곤란하다. 그 이유는 이들의 식이

$$\frac{\partial \eta}{\partial x},\ \frac{\partial \Phi}{\partial x},\ \left(\frac{\partial \Phi}{\partial x}\right)^2,\ \left(\frac{\partial \Phi}{\partial z}\right)^2$$

등의 비선형 항을 포함하며, (2.33) 및 (2.35)식은 해로 구하는 미지의 파면 η(x,

t)에 있어서 규정되어 있는 해를 푸는 것은 극도로 어려운 식이기 때문이다. 따라서 여러 가지의 근사를 시켜, 구체적인 해를 구하고 있다.

(2) 미소진폭파

일반적으로 수면파의 파형구배(H/L)는 쇄파에 의하여 정리되나 그다지 큰 값이 아니다. 진행파의 경우에는 최대구형구배를 고려하여도 1/7정도이며 이것은 실험적, 이론적으로도 어느 정도 밝혀져 있다. 파형구배를 충분히 작게 한다면 2차이상의 항(비선형항)을 생략하는 것이 가능하다. 또 한편, z=η(정수면)에 있어서 Taylor 전개하면

$$\left(\frac{\partial \Phi}{\partial z}\right)_{z=\eta} = \left(\frac{\partial \Phi}{\partial z}\right)_{z=0} + \left[\frac{\partial}{\partial z}\left(\frac{\partial \Phi}{\partial z}\right) RIGHT\right]_{z=0}\eta + \frac{1}{2}\left[\frac{\partial^2}{\partial z^2}\left(\frac{\partial \Phi}{\partial z}\right) RIGHT\right]_{z=0}\eta^2 + \cdots\cdots$$

$$\left(\frac{\partial \Phi}{\partial t}\right)_{z=\eta} = \left(\frac{\partial \Phi}{\partial t}\right)_{z=0} + \left[\frac{\partial}{\partial z}\left(\frac{\partial F}{\partial t}\right) RIGHT\right]_{z=0}\eta + \frac{1}{2}\left[\frac{\partial^2}{\partial z^2}\left(\frac{\partial \Phi}{\partial t}\right) RIGHT\right]_{z=0}\eta^2 + \cdots\cdots$$

(2..37)

로 되며 2차 이상의 미소항(제 2항 이후)을 생략하면 경계조건은 z=η 대신 z=0로 근사가능하다.

이상과 같은 근사를 수행하면 파의 기초방정식 (2.29), (2.30). (2.33) 및 (2.34)식은 다음과 같이 된다.

(L) 연속의 식 : $\partial^2 \frac{\Phi}{\partial x^2} + \partial^2 \frac{\Phi}{\partial z^2} = 0$ (2.38)

(B) 수저조건 : $\left(\frac{\partial \Phi}{\partial z}\right)_{z=-h} = 0$ (2.39)

운동학적 표면조건 : $\left(\frac{\partial \Phi}{\partial z}\right)_{z=0} = \frac{\partial \eta}{\partial t}$ (2.40)

역학적 표면조건 : $\left(\frac{\partial \Phi}{\partial t}\right)_{z=0} + g\eta = 0$ (2.41)

(2.40)와 (2.41)으로부터 η를 소개하면 다음 식이 된다.

$$\text{(F) 자유표면조건 : } \left(\partial^2 \frac{\Phi}{\partial t^2}\right)_{z=0} + g\left(\frac{\partial \Phi}{\partial z}\right)_{z=0} = 0 \tag{2.42}$$

이들의 식이 미소진폭파의 기초방정식이다.

여기에서 (2.38)~(2.42)식은 모두 독립적인 것은 아닌 것에 주의하지 않으면 안된다.

지금 해로써 η= a cos(kx-ωt)를 생각하고 (2.41)식의 조건을 고려하여

$$\Phi = f(z)\sin(kx - \omega t) = f(z)\sin k(x - ct) \tag{2.43}$$

라 가정한다. 파고를 H라 하면 a = H/2, k = 2π/λ, ω = 2π/T(각 주파수), c = ω /k(파속, 위상속도). λ = 파장, T = 주기이다.
(2.42)를 (2.38)식에 대입하면

$$\frac{d^2 f}{dz^2} - k^2 = 0 \tag{2.44}$$

가 얻어지며, 이의 일반해는

$$f(z) = Ae^{kz} + Be^{-kz} \tag{2.45}$$

로 주어진다. 여기서 A, B는 적분상수이다. (2.45)를 (2.43)식에 대입하면

$$\Phi = (Ae^{kz} + Be^{-kz})\sin(kx - \omega t) \tag{2.46}$$

이것을 (2.39)식에 대입하면

$$Ae^{-kh} - Be^{kh} = 0 \tag{2.47}$$

이 된다. 따라서 (2.42)식에 대입하면

$$(\omega^2 - gk)A + (\omega^2 + gk)B = 0 \tag{2.48}$$

이 얻어진다. A, B가 모두 0이 아닌 해를 가지기 위 하여는

$$\begin{vmatrix} e^{-kh} & -e^{kh} \\ \omega^2 - gk & \omega^2 + gk \end{vmatrix} = 0 \tag{2.49}$$

이 되지 않으면 안 된다. 이것을 풀면

$$\omega^2 = gk\frac{e^{kh} - e^{-kh}}{e^{kh} + e^{-kh}} = gk\tanh kh \tag{2.50}$$

의 관계식이 얻어진다. 이것은 **파의 분산관계식**이라 부르며 이를 변환하면

$$C = \frac{\lambda}{T} = \frac{\omega}{k} = \frac{gT}{2\pi}\tanh kh \tag{2.51}$$

$$\lambda = CT = \frac{gT^2}{2\pi}\tanh kh \tag{2.52}$$

파속 및 파장의 식이 얻어진다.

이 식으로부터 파속 및 파장은 파의 주기 및 수심h에 의하여 결정되는 것을 알 수 있다. 우변의 쌍곡선함수 중에도 파장을 포함하고 있기 때문에 직접적으로는 계산할 수 없다. 수치 근사법으로 결정된 값을 각종의 실용적인 표로 구하여 놓으면 이용하기 편리하다.

여기서 (2.47)식에 있어서

$$Ae^{-kh} = Be^{-kh} = \frac{D}{2}$$

라 한다면 속도 potential Φ는 (2.46)식으로부터

$$\begin{aligned}\Phi &= \frac{D}{2}\{e^{k(h+z)}+e^{-k(h+z)}\}\sin(kx-\omega t)\\ &= D\cosh k(h+z)\cdot\sin(kx-\omega t)\end{aligned} \tag{2.53}$$

가 된다. (2.41)식으로부터

$$\begin{aligned}\eta &= -\frac{1}{g}\left(\frac{\partial\Phi}{\partial t}\right)_{z=0}\\ &= \frac{\omega}{g}D\ \cosh k(h+z)\cos(kx-\omega t)\\ &= a\cos(kx-\omega t)\end{aligned} \tag{2.54}$$

이므로 (2.50)식을 염두에 두면

$$D = \frac{ag}{\omega}\frac{1}{\cosh kh} = \frac{a\omega}{k}\frac{1}{\sinh kh} \tag{2.55}$$

가 된다. 따라서 속도 potential Φ는

$$\begin{aligned}\Phi &= \frac{ag}{\omega}\cosh k\frac{(h+z)}{\cosh kh}\cdot\sin(kx-\omega t)\\ &= \frac{a\omega}{k}\cosh k\frac{(h+z)}{\sinh kh}\cdot\sin(kx-\omega t)\end{aligned} \tag{2.56}$$

라 표시된다.

파에 의한 수중의 물 입자 속도는 속도 potential Φ의 정의로부터 다음과 같이 쉽게 구하여진다.

$$u = \frac{\partial \Phi}{\partial x} = a\omega \cosh \frac{k(h+z)}{\sinh kh} \cdot \cos(kx - \omega t)$$
$$= \omega \cosh \frac{k(h+z)}{\sinh kh} \eta \tag{2.57}$$

$$w = \frac{\partial \Phi}{\partial z} = a\omega \sinh \frac{k(h+z)}{\sinh kh} \cdot \sin(kx - \omega t)$$

이들 식으로부터 물입자의 수평속도성분 u는 표면파형과 동 위상으로 수위 η가 정수면 으로부터 높아져 있는 때는 물 입자 속도 u는 정(+), 수위가 내려갔을 때는 부(-)에 있는 것을 알 수 있다.

특정의 물 입자에 주목하여, 시간 t에 있는 물입자의 위치를 [x(t), z(t)]라 하면 이 입자의 수평 및 연직방향의 속도는 dx/dt, dz/dt 이다.

한편, 점[x(t), z(t)]에 있는 이 속도장의 속도성분은 각각∂Φ/∂x, ∂Φ/∂z로 표시되므로 다음 관계가 성립한다.

$$\frac{dx}{dt} = \frac{\partial \Phi[x(t),\ z(t) : t]}{\partial x}$$
$$\frac{dz}{dt} = \frac{\partial \Phi[x(t),\ z(t) : t]}{\partial z} \tag{2.58}$$

이 미분방정식을 만족하는 x(t), z(t)가 이 물입자의 궤적을 그린다. 지금은 미소한 운동을 고려하고 있으므로 물입자의 평균위치를 x, z 라 하고 시간 t 에서 그 위치로부터의 수평 및 연직방향의 변위를 δ(t), γ(t)라 하면

$$x(t) = x + \delta(t),\ z(t) = z + \gamma(t) \tag{2.59}$$

이것을 (2.58)식에 대입하여 Taylor 전개를 하면

$$\frac{d\delta}{dt}=\frac{\partial \Phi[x+\delta,\ z+\gamma\ :\ t]}{\partial x}=\left(\frac{\partial \Phi}{\partial x}\right)_{x,z}+\delta\left(\frac{\partial^2 \Phi}{\partial x^2}\right)_{x,z}+\gamma\left(\frac{\partial^2 \Phi}{\partial x \partial y}\right)_{x,z}+...$$

$$\frac{d\gamma}{dt}=\frac{\partial \Phi[x+\delta,\ z+\gamma\ :\ t]}{\partial z}=\left(\frac{\partial \Phi}{\partial z}\right)_{x,z}+\delta\left(\frac{\partial^2 \Phi}{\partial x \partial z}\right)_{x,z}+\gamma\left(\frac{\partial^2 \Phi}{\partial z^2}\right)_{x,z}+...$$

(2.60)

제1차 근사로써, (2.60)식의 우변의 제 2항 이하를 생략하고 (2.56), (2.57)의 관계를 이용하면

$$\frac{d\delta}{dt} = a\omega \frac{\cosh k(h+z)}{\sinh kh} \cos(kx-\omega t)$$
$$\frac{d\gamma}{dt} = a\omega \frac{\sinh k(h+z)}{\sinh kh} \sin(kx-\omega t) \tag{2.61}$$

가 된다.

위식을 적분하고 $\delta = 0$, $\gamma = 0$을 고려하면

$$x-x = -a \frac{\cosh k(h+z)}{\sinh kh} \sin(kx-\omega t) \tag{2.62}$$

$$z-z = a \frac{\sinh k(h+z)}{\sinh kh} \cos(kx-\omega t) \tag{2.63}$$

양식에서 t를 소거하면

$$\frac{(x-x)^2}{\left\{a \frac{\cosh k(h+z)}{\sinh kh}\right\}^2}+\frac{(z-z)^2}{\left\{a \frac{\sinh k(h+z)}{\sinh kh}\right\}^2}=1 \tag{2.64}$$

를 얻는다. 이것은 잘 알려진 타원의 식이다. 따라서 (2.64)식으로부터 물입자의 궤도가 타원을 그리는 것. 그 단축은 z = 0에서는 파의 진폭 a와 같다. 깊이가

증가함에 따라 물입자의 운동이 감소한다. 수저 z = -h에서는 단축은 0이 되며, 물입자는 x方向의 왕복운동을 하는 것을 알 수 있다.

다음 수중의 압력 p는 (2.34)식에서 비선형을 무시한 식

$$\frac{p}{\rho} = -\frac{\partial\Phi}{\partial t} - gz \tag{2.65}$$

에 속도 potential Φ를 대입하는 것에 의하여 구할 수 있다.

우변의 제 2항은 정수압을 표시하고, 파의 운동에 의하여 생기는 압력 변동분을 ΔP라 하면

$$\Delta P = -\rho\frac{\partial\Phi}{\partial t} = \rho g \cos h\frac{k(h+z)}{\cosh kh}\eta \tag{2.66}$$

이다. 이것은 수저식 파랑계의 원리이며, 물속에서의 압력변동을 측정하면 수면파형으로 환산하는 것이 나타나 있다

6) 수면파의 분류와 그 표현

5)에서 구한 미소진폭파의 해는 유한수심 h에 있는 파에 관한 것으로 이 파를 천수파라고 부른다. 또한 파장에 비해 상대적으로 수심이 큰 경우, 혹은 매우 작은 경우에는 파의 식은 매우 단순화된다. 이들이 다음에 다루는 심해파 및 장파이다.

(1) 심해파

파장에 비하여 수심이 충분히 깊고 h/λ→∞의 경우에는 당연 kh→∞에 있으므로 근사적으로

$\sinh kh \to \frac{1}{2} e^{kh}$, $\cosh kh \to \frac{1}{2} e^{kh}$,

$\sinh k(h+z) \to \frac{1}{2} e^{k(h+z)}$, $\cosh k(h+z) \to \frac{1}{2} e^{k(h+z)}$,

$\tanh kh \to 1$이 되며 파의 기본 방정식은 다음과 같이 간단하게 된다.

분산관계식 $$\omega^2 = gk \tag{2.67}$$

파속의 식 $$C = \frac{gT}{2\pi} = \frac{g}{\omega} \tag{2.68}$$

파장의 식 $$\lambda = CT = \frac{gT^2}{2\pi} \tag{2.69}$$

파속 potential $$\Phi = \frac{a\omega}{k} \cdot e^{kz} \sin(kx - \omega t) \tag{2.70}$$

물입자속도 $$\begin{aligned} u &= a\omega\, e^{kz} \cos(kx - \omega t) \\ w &= a\omega\, e^{kz} \sin(kx - \omega t) \end{aligned} \tag{2.71}$$

실제로는 $h/\lambda \to \infty$의 의미는 없고 $h/\lambda \geq \frac{1}{2}$ 즉, 수심이 파장의 $\frac{1}{2}$ 이상이라면 분산식은 1% 이하의 오차로써 앞의 근사가 허용된다. 즉 $h \geq \lambda / 2$라면 파의 운동은 수심에는 거의 무관하며 파속이나 파장은 파의 주기만으로 결정된다. 이와 같은 파를 심해파 또는 심수파라 부른다. 물입자의 궤적을 표시하는 (2.64)식은

$$(x - x)^2 + (z - z)^2 = (a\, e^{kz})^2 \tag{2.72}$$

로 되기 때문에 물 입자는 원운동을 하고 그 반경 $r(= a\, e^{kz})$는 정수위에 대응하는 좌표로 파의 진폭 a와 같고 하향을 향하여는 지수적으로 감쇠하는 것을 알 수 있다.

(2) 극천수파

전절의 경우와는 반대로, 파장에 비하여 수심이 충분히 얕으면 $h/\lambda \to 0$, 따라서 $kh \to 0$의 경우를 생각하면

$\sinh kh \to kh$, $\cosh kh \to 1$, $\cosh k(h+z) \to \cosh kz$,

$\sinh k(h+z) \to k(h+z)$, $\tanh kh \to kh$

로 되기 때문에 파의 기본식은 다음과 같이 된다

분산식 $$\omega^2 = gh\ k^2 \tag{2.73}$$

파속 $$C = \frac{g}{\omega} kh = \sqrt{gh} \tag{2.74}$$

파장 $$\lambda = CT = \sqrt{gh}\, T \tag{2.75}$$

속도포텐셜 $$\Phi = \frac{ag}{\omega} \sin(kx - \omega t) \tag{2.76}$$

물입자속도 $$u = \frac{agk}{\omega} \cos(kx - \omega t) = \frac{gk}{\omega} \eta = \sqrt{\frac{g}{h}}\, \eta \tag{2.77}$$

$$\begin{aligned} w &= a\omega\left(1 + \frac{z}{h}\right)\sin(kx - \omega t) \\ &= \frac{agk}{\omega} kh\left(1 + \frac{z}{h}\right)\sin(kx - \omega t) \end{aligned} \tag{2.78}$$

이와 같은 파를 장파 혹은 극천수심해파라 부른다. 위 식에서 파속이 수심의 평방근에 비례하고, 수심만으로 정하여 진다. 물입자속도의 수평성분 u가 z를 포함하지 않기 때문에 연직상방으로 같은 모양을 한다. 연직성분 w는 수저 z = -h에서는 물론 0이 되며, 일반 점에서도 $2\pi h/\lambda$가 관계되어 있으므로 매우 작은 것을 알 수 있다. 여기서 단 $h/\lambda \to 0$의 극한에서는 물론 0으로 장파의 근사에서는 w = 0이라 하는 경우가 많아 일반적으로 (2.78)식이 된다.

7) 파의 energy

수파의 운동에 따라 물속에 보유되는 energy에 대하여 생각하여 보자. 잘 알고 있는 바와 같이 역학적인 energy는 위치energy와 운동energy로 나눌 수 있다.

먼저 위치(x, z)에 있는 유체의 미소부분이 중력장에 놓여있는 경우 위치에너지는 ρgz dx dz이다. 따라서 파의 단위 폭, 단위길이에 함유하고 있는 위치에너지 Ep는 다음과 같다.

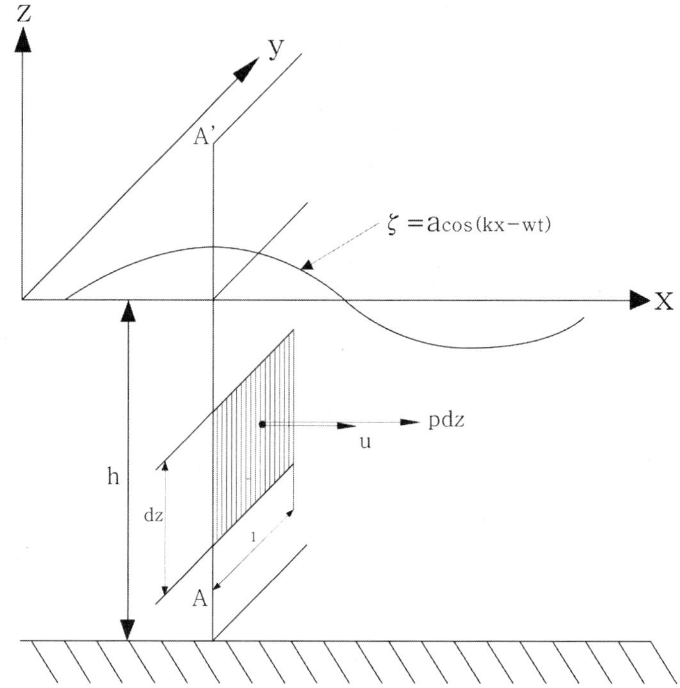

[그림2-6] 파랑 에너지

$$
\begin{aligned}
E_p &= \frac{1}{L}\int_0^L dx \int_{-h}^{\eta} \rho g z dz - \frac{1}{L}\int_0^L dx \int_{-h}^{0} \rho g z dz \\
&= \frac{1}{2L}\rho g \int_0^L \eta^2 dx = \frac{1}{2L}\rho g\, a^2 \int_0^{2\pi/k} \cos^2(kx-\omega t) dx \qquad (2.79) \\
&= \frac{1}{4}\rho g\, a^2
\end{aligned}
$$

한편, 같은 미소부분이 가지는 운동energy는

$$\frac{\rho}{2}(u^2+w^2)dxdz \tag{2.80}$$

이기 때문에 파의 단위 폭, 단위길이에 포함하고 있는 운동에너지 Ek는 다음과 같다.

$$\begin{aligned} E_k &= \frac{1}{L}\int_0^L dx\int_{-h}^{\eta}\frac{\rho}{2}(u^2+w^2)dxdz \\ &= \frac{1}{L}\int_0^L dx\int_{-h}^{\eta}\frac{\rho}{2}\left[\left(\frac{\partial\phi}{\partial x}\right)^2+\left(\frac{\partial\phi}{\partial z}\right)^2\right]dz \end{aligned} \tag{2.81}$$

(2.56)식의 속도포텐셜 ϕ를 윗 식에 대입하고 미소진폭파의 근사로 적분의 상한을 η대신 0으로 계산을 실행하면 다음식이 얻어진다.

$$\begin{aligned} E_k &= \frac{\rho a^2\omega^2\sinh 2kh}{8k\sinh^2 kh} = \frac{2\rho a^2 gk\tanh kh\times\sinh kh\ \cosh kh}{8k\sinh^2 kh} \\ &= \frac{1}{4}\rho g a^2 \end{aligned} \tag{2.82}$$

따라서 파의 위치energy Ep와 운동energy Ek는 같은 것을 알 수 있다. 파의 단위폭, 단위길이를 가질 때의 전 energy는 즉 E는 다음과 같다.

$$E = E_p + E_k = \frac{1}{2}\rho g a^2 \tag{2.83}$$

한편, 수위변동 $\eta(t)$의 자승평균 η^2은

$$\begin{aligned} \eta^2 &= \frac{1}{T}\int_0^T \eta^2 = \frac{1}{T}\int_0^{2\pi/\omega} a^2\cos^2\omega t\,dt \\ &= \frac{a^2}{T}\left[\frac{1}{4\omega}\sin 2\omega t+\frac{t}{2}\right]_0^{2\pi/\omega} = \frac{a^2}{2} \end{aligned} \tag{2.84}$$

이다. 따라서 파가 가지고 있는 Energy밀도 E는

$$E = \frac{1}{2}\rho g a^2 = \rho g \eta^2 \tag{2.85}$$

을 알 수 있다.

이 관계는 독립된 여러 개 정현파의 중복으로 되는 합성파 $\eta = \sum_{i=1}^{n} \eta_i$ 의 경우로 확대할 수 있다.

$$즉 \quad E = \rho g \eta^2 = \frac{1}{2}\rho g \sum_{i=1}^{n} a_i^2 = \rho g \sum_{i=1}^{n} \eta_i^2 = \sum_{i=1}^{n} E_i \tag{2.86}$$

8) 파의 Energy flux

전절에서 구한 파 energy 밀도는 수저부터 표면까지의 단위단면의 수주가 보유하는 파에 의한 energy이며 이 energy가 그대로 파속 즉 파의 위상속도로 수송되는 것만은 아니다.

파의 수송 energy는 단위시간에 일을 계산하는 것에 의하여 구하여진다. 따라서 단위폭의 파성분을 고려하는 경우, 수중압력 P와 x방향의 물입자의 속도 $u = \frac{\partial \Phi}{\partial x}$ 와의 적을 수저로부터 물 표면까지 적분하고 시간평균을 계산하는 것에 의하여 수송 energy(Energy flux) W를 구할 수 있다. 즉

$$W = \frac{1}{T}\int_0^T \int_{-h}^{\eta} P \frac{\partial \Phi}{\partial x}\, dz dt \tag{2.87}$$

임의의 점 (x, z)의 수중압력 P는

$$\frac{P}{\rho} = -\frac{\partial \Phi}{\partial t} - gz - \frac{1}{2}\left[\left(\frac{\partial \Phi}{\partial x}\right)^2 + \left(\frac{\partial \Phi}{\partial z}\right)^2\right] \tag{2.88}$$

이다. 미소진폭파의 근사로 비선형항을 무시하고 gz는 시간평균을 택하면 없어지는 것을 고려하면

$$P = -\rho\frac{\partial\Phi}{\partial t} = \frac{\rho a\,\omega^2}{k}\,\frac{\cosh k(h+z)}{\sinh kh}\cos(kx-\omega t) \qquad (2.89)$$

이것을 (2.87)식에 대입하면

$$W = \frac{\rho a^2\omega^3}{k\sinh^2 kh}\frac{1}{T}\int_0^T \cos^2(kx-\omega t)dt\int_{-h}^0 \cosh^2 k(h+z)dz \qquad (2.90)$$

$$= \frac{1}{2}\rho g a^2\frac{C}{2}\left(1+\frac{2kh}{\sinh v2kh}\right)$$

$$= E\cdot nc$$

단, n=1/2(1+2kh/sinh2kh) (2.91)

한편 파의 군속도 Cg는 정의로부터 $C_g = C + k\frac{\partial c}{\partial k}$ 이므로 미소진폭의 천해파의 파속도식(3.51)을 C에 내입하여 계산하면 나음의 식이 얻어진다.

$$C_g = \frac{c}{2}\left(1+\frac{2kh}{\sinh 2kh}\right) = nc \qquad (2.92)$$

Energy 수송의 식(2.90)를 파 energy 밀도의 식 및 파의 군속도의 식(2.92)과 비교하여 보면

W=E.Cg (2.93)

즉 파 에너지는 군속도로 전파하는 것을 알 수 있다.

심해파의 경우 $n=\frac{1}{2}$, $C_g = \frac{c}{2}$에 있으므로

$$W=E.C/2 \tag{2.94}$$

가 되며 장파의 경우는 $n = 1, \therefore C_g = C$ 이므로

$$W=E.C \tag{2.95}$$

가 된다.

2. 해양파

1) 해양파의 특성

앞에서는 파고, 주기, 파향이 일정한 규칙적인 파에 대하여 다루었다. 그러나 실제로 바다에 존재하고 있는 파는 매우 불규칙적으로, 여러 가지 파동으로 되어 있다. Munk에 의하면 어떠한 주기의 파가 이루어지고 있는가를 나타내었다. 먼저, 주기가 짧은 파는 표면장력파이며 그 주기는 0.07초 이하이고 파장은 1.7m 이하이다. 이 파의 파고는 1~2mm 정도이고, 물의 표면장력이 파의 운동에 주는 복원력의 주체가 되고 있다. 이보다도 주기가 긴 파에서는 표면장력보다도 중력이 복원력의 주체가 되어 이와 같은 파를 표면장력파에 대하여 중력파라고 한다.

또한 해면에 있어서 중요한 에너지를 가지는 것은 풍파이다. 이것은 바람의 작용에 의하여 발달한 파이며, 주기는 10~15초 이하이고 파고는 34m 정도의 파가 관측된 것이 보고되어 있다. 풍파가 풍역을 벗어나 진행하는 경우에 이를 swell이라 한다. swell은 일반적으로 주기가 길고 파형구배가 작은 원형의 띠 형태다. swell로서 가장 긴 주기는 통상 20초정도이다.

풍파, swell 모두 합하여 파랑이라고 부르는 것이 많다. 다시 말하여 주기가 긴 파를 장주기파(항만 내에서 볼 수 있는 해면진동(항만의 부진동))라 한다.

해저지진이나 해저화산의 폭발에 의하여 일어나는 Tsunami(주기 수분에서 1시간정도). 바람이나 기상적인 원인에 의하여 주로 큰 항내에서 일어나는 고조이다. 이와 같은 장 주기파는 방재상, 또는 해안의 개발, 환경의 보전상 중요하다.

이상의 것같이 불규칙한 성질을 포함한 파를 이야기 하는 것으로는 2가지 방법이 있다. 그 하나는 하나하나의 파에 착안 하여 파고, 주기 및 파향의 평균치를 이용하여 기술하는 방법이 있으며, 다른 하나는 불규칙파의 파고, 주기 및 파향을 달리하는 무한히 많은 정현적 성분파가 불규칙한 위상으로 중첩한 결과로 생기는 것이라 생각하여 성분파로 분해하여 각성분파가 포함하고 있는 에너지 분포를 표시하는 방법이다. 말하자면 파의 spectrum에 의하여 기술하는 방법이다.

2) 평균파

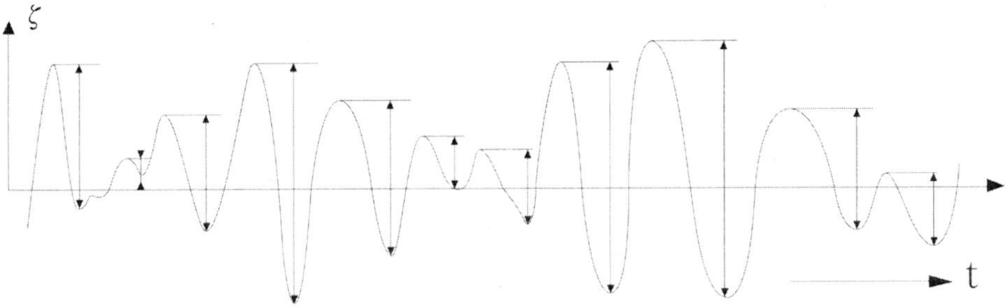

[그림 2-7] 수면변화

[그림 2-7]에 표시한 것같이 불규칙한 파의 한 그룹으로부터 파고 및 주기를 어떻게 정의하는가가 문제이다. 파의 파정과 그것에 연결되는 파저에 주지하는 것으로 획일적으로 결정하는 것은 곤란하다. 현재로써는 zero up cross법이 일반적으로 이용되고 있다. 이것은 수면파형이 상승하면서 평균수면을 자르는 시간부터 다음 같은 상태로 자르는 시간까지의 최고수위와 최저수위의 차를 파고라 정의하고, 그 시간 간격을 가지고 주기를 정의하는 것이다. 다음 이와 같이하여 얻어진 다수의 파고, 주기 값으로부터 대표파를 정하는 것이 필요하다. 대표파로 이용되는 것은 주로 다음의 4가지이다.

(1) 최대파 (Hmax, Tmax) : 파군중의 최고의 파
(2) 1/10 최대파 (H1/10, T1/10) : 파고의 크기순으로 놓고 큰 편으로부터 전체의 파수 N의 1/10수의 파까지 취하고 이들의 파고 및 이에 대응하는 주기

의 평균치와 같은 파의 파고와 주기를 가진 파를 말한다.

(3) 1/3 최대파 또는 유의파(significant wave) (H1/3, T1/3) : 파군중에서 파고가 큰편으로부터 세어서 전체의 파수 N의 1/3의 수의 파에 대하여 파고 및 주기를 평균하고 그 값과 같은 파고와 주기를 가지는 파를 말한다.

(4) 평균파 (H, T) : 전파의 파고와 주기를 평균한 값과 같은 파고와 주기를 가지는 파를 말한다.

이상과 같은 여러 종류의 대표파 중에서 가장 많이 사용하는 것은 유의파 즉, 1/3 최대파이다. 이 개념은 sverdrup·Munk에 의하여 도입된 것이며 목시관측에 의하여 보고되고 있는 파의 파고, 주기에 잘 일치하는 것으로 알려져 있다.

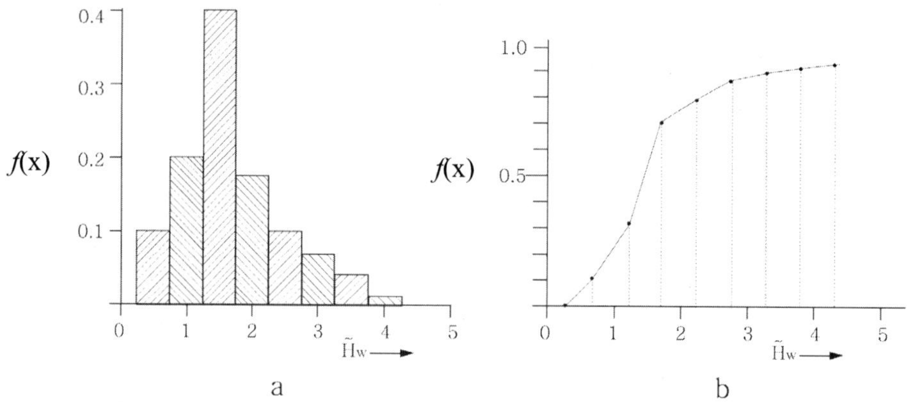

[그림 2-8] 파고의 확률 밀도 함수 및 확률 분포 함수

3) 파고의 분포

Longvet-Higgins는 1개의 군파의 속에서 파고가 어느 정도의 빈도로 출현하는가 하는 문제를 취급하였다. 이 파군의 주파수 f(주기 T의 역수)가 비교적 협소한 band 폭 내로 모아지는 경우에는 출현빈도는 Ray leigh 분포에 의하여 표시되어지는 것을 이론적으로 표시하였다. 지금 파고의 확률밀도 함수를 P(H)라 한다면

$$P(H)dH=\frac{\pi}{2}\frac{H}{H^2}\exp\left[-\frac{\pi}{4}\cdot\left(\frac{H}{H^2}\right)^2\right]dH \qquad (2.96)$$

에 의하여 표시된다. 그림 2-7과 같다.

여기에서 H는 평균파고이다. 임의의 값 H보다도 큰 파고가 출현하는 확률(초과확률) P(H)는 그림 2-7과 같이 하여 구하여진다.

$$P(H) = 1 - \int_0^H P(H)dH = \exp\left[-\frac{\pi}{4}\left(\frac{H}{H}\right)^2\right] \tag{2.97}$$

지금 P(Hn) = 1/n 이라 할 때, 1/n 최대파고 H1/n은 다음 식으로 구하여진다.

$$H_{1/n} = \frac{\int_{H_n}^{\infty} H \cdot P(H)dH}{P(H_n)} = n\int_{H_n}^{\infty} H \cdot P(H) \cdot dH \tag{2.98}$$

계산에 의하여 다음의 관계가 얻어진다.

다음 최고파고 Hmax에 대하여 생각하면, 이것도 확정치로써는 주어지지 않는다. 그러나 통계적으로 더욱 발생하기 쉬운 파고값 으로써 표시하면 다음과 같다.

$$\begin{aligned} &H_{1/3} \simeq 1.6H, \quad H \simeq 0.625\,H_{1/3} \\ &H_{1/10} \simeq 2.03H \simeq 1.27\,H_{1/3} \end{aligned} \tag{2.99}$$

$$\begin{aligned} H_{max} / H_{1/3} &\simeq \frac{1}{1.416}\left[(\log eN)^{\frac{1}{2}} + \frac{1}{4}(\log eN)^{-\frac{3}{2}}\right] \\ &\simeq 1.07\sqrt{\log_{10} N} \qquad (N\text{이 클 때}) \end{aligned} \tag{2.100}$$

이 관계를 [표 2-1]에 표시한다.

[표 2-1] N파中의 최대파고와 유기파고의 비

N	50	100	200	500	1000	10000
$H_{max}/H_{1/3}$	1.42	1.53	1.64	1.77	1.86	2.15

3장
부유체에 작용하는 주요 유체력

1. 부유체에 작용하는 유체력

부유체에 작용하는 유체력은 자체 하중을 비롯 매우 복잡하게 표현된다. 이를 간단히 정리하면 부유체의 중력, 부력, 파강제력, 풍하중, 조류력, 동요에 의한 관성력 및 조파감쇠력, 방사력 및 점성유체력으로 분류 할 수 있으며, 이들에 대하여 간단히 설명한다.

부체의 운동방정식은 선체에 작용하는 관성력, radiation유체력, 점성유체력, 정수압에 기인한 복원력 및 파랑에 의한 외력과 평형으로 다음과 같다.

[표 3-1] 강체에서의 6개 자유도 운동

	병진운동	회전운동
x 축	전후요, surging $x_1=\xi$	횡요, rolling $x_4=\phi$
y 축	좌우요, swaying $x_2=\eta$	종요, pitching $x_5=\theta$
z 축	상동요, heaving $x_3=\zeta$	선수요, yawing $x_6=\psi$

1) 부가관성력 및 조파감쇠력

운동을 하는 부체에 작용하는 i mode인 운동방향에 대한 관성력 $F_{Ii}(t)$은 다음과 같다.

$$F_{Ii}(t)=\sum_{j=1}^{6}M_{ij}\ddot{x}_j \tag{3.1}$$

$$=Re\left[e^{iwt}\sum_{j=1}^{6}\left\{-w^2M_{ij}\overline{x_j}\right\}\right] \qquad i=1,2,\cdots 6 \tag{3.2}$$

여기서 $x_j=\overline{x_j}e^{iwt}$

$$M_{ij}=\text{부체의 관성력 계수}$$

$$mo=\iiint \rho dV$$

이다. 부체가 운동을 할 경우, 반작용으로써 주위의 유체로부터 받게 되는 부과 관성력 및 조파감쇠력은

$$F_{Ri}(t)=-\sum_{j=1}^{6}\left(m_{ij}\ddot{x}_j+N_{ij}\dot{x}_j\right) \tag{3.3}$$

$$=-Re\left[e^{iwt}\sum_{j=1}^{6}\left\{t_{ij}\overline{x_j}\right\}\right], \tag{3.4}$$

$$t_{ij}=-w^2m_{ij}+iwN_{ij} \tag{3.5}$$

이다.

2) 복원력

정수압에 기인한 복원력 $F_{Si}(t)$은

$$F_{Si}(t) = -\sum_{j=1}^{6} C_{ij} x_j = -Re\left[e^{iwt} \sum_{j=1}^{6} C_{ij} \overline{x_j}\right] \tag{3.6}$$

이다.

3) 파강제력

파의 강제력 $F_{Ei}(t)$는 입사파의 진폭을 ζ_A라 하면

$$F_{Ei}(t) = Re\left[\zeta_A \cdot E_i e^{iwt}\right] \tag{3.7}$$

E_i ; 단위 진폭을 갖는 입사파가 선체에 미치는 파의 강제력

규칙파 가운데서의 부체 운동방정식은 (3.3)~(3.6)로부터

$$F_{Ii}(t) = F_{Ri}(t) + F_{Si}(t) + F_{Ei}(t) + F_{Vi}(t) \tag{3.8}$$

$$\sum_{j=1}^{6} \left\{ (M_{ij} + m_{ij}) \ddot{x}_j + N_{ij} \dot{x}_j + C_{ij} x_j \right\} = Re\left[\zeta_A E_i e^{iwt}\right] \tag{3.9}$$

$$(i = 1, 2 \cdots 6)$$

전후동요만 일어난다고 생각하면 전후요의 운동방정식은

$$(m_0 + m_{11}) \ddot{x}_1 + N_{11} \dot{x}_1 = Re\left[\zeta_A \cdot E_1 e^{iwt}\right] \tag{3.10}$$

같다. 또한 상하요와 종요와의 연성운동 방정식 (종운동)

$$\begin{bmatrix} m_0+m_{33} & m_{35} \\ m_{53} & I_{55}+m_{55} \end{bmatrix} \begin{bmatrix} \ddot{x}_3 \\ \ddot{x}_5 \end{bmatrix} + \begin{bmatrix} N_{33} & N_{35} \\ N_{53} & N_{55} \end{bmatrix} \begin{bmatrix} \dot{x}_3 \\ \dot{x}_5 \end{bmatrix} + \begin{bmatrix} C_{33} & C_{35} \\ C_{53} & C_{55} \end{bmatrix} \begin{bmatrix} x_3 \\ x_5 \end{bmatrix} = \begin{bmatrix} Re\left[\zeta_A \cdot E_3 e^{iwt}\right] \\ Re\left[\zeta_A \cdot E_5 e^{iwt}\right] \end{bmatrix} \tag{3.11}$$

이다.

상하요 운동방정식은

$$M\ddot{x}_3 = -m\ddot{x}_3 - N\dot{x}_3 - \rho g A_W x_3 + F_{e3} \tag{3.12}$$

가 되며, 정리하면 다음과 같다.

$$(M+m)\ddot{x}_3 + N\dot{x}_3 + \rho g A_W x_3 = F_{e3} \tag{3.13}$$

위 방정식에서 알 수 있듯이 각각에 작용하는 유체력을 구하면 간단하게 방정식의 해를 구 할 수 있다. 이들 계수들의 특성에 대하여 간단히 설명한다.

2. Radiation force의 특성

1) Added mass(부가질량)

물체가 물속에서 운동하고 있을 때 겉으로 볼 수 없는 것이 겉보기 질량효과이다. 겉보기 질량효과란 물속에서 물체가 운동하는 경우, 물체의 질량이 증가한 것 같은 효과가 생기는 것으로, 물체의 가속, 감속이 공중에서 행하는 것보다도 곤란하다. 물론 공기 중에서도 진공 중에서와 같은 효과가 있지만 공기의 질량이 작기 때문에 물체의 질량에 비하여 문제가 될 정도는 아니다. 한편 물의 질량 ($\rho_{water} = 101.78kgf/m^4$)은 크기 때문에 물체의 질량과 같은 정도로 생략할 수 없다.

통상, 겉보기 질량효과는 다음과 같은 경우 경험할 수 있다.

질량 m 인 물체를 어떤 힘 f로 가속하는 경우 공기 중이라면

$$\alpha = \frac{f}{m} \tag{3.14}$$

로 주어지는 가속도가 생긴다고 할 수 있으나, 물속에서는 같은 힘 f로 얻어지는 가속도가 작다. 그 원인은 질량이 겉보기 이상으로 증가하였기 때문이라고 생각하면

$$\alpha' = \frac{f}{(m + \Delta m)} \tag{3.15}$$

이다. 이 Δm가 부가질량으로 $(m + \Delta m)$가 겉보기 질량이다.

도한 진동계에 있어서도 같은 효과를 볼 수 있다.

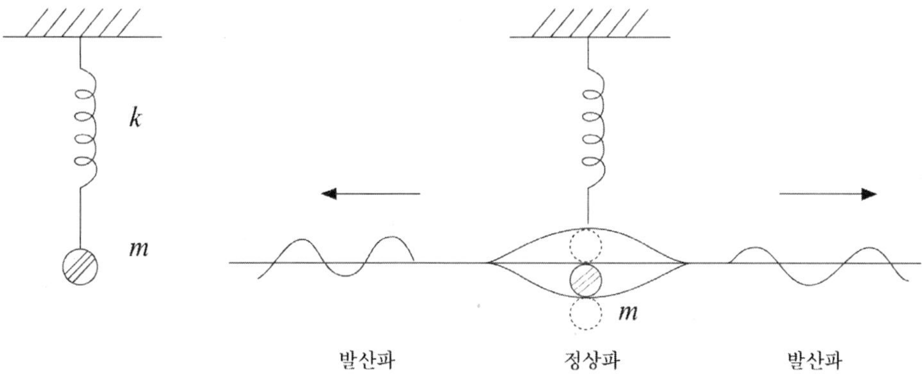

[그림 3-1] 부가질량계수

그림과 같이 질량 m인 용수철 상수 k를 가진 진동계를 생각한다.

공기 중에서 진동하는 때의 운동방정식은

$$m\tilde{z} = -kz \tag{3.16}$$

$$m\tilde{z} + kz = 0 \tag{3.17}$$

로 표시된다. 이 때 진동의 고유주기 T_z는

$$T_z = 2\pi\sqrt{\frac{m}{k}} \tag{3.18}$$

로 구할 수 있다. 이에 반해 진동계를 무한 유체중에 설치하여 진동시키면, 진동의 고유주기 T_z'는 반드시 길게 된다. 물체의 질량 m 및 용수철 상수 k는 일정하므로 주기 T_z'가 T_z보다 크게 된 원인은 겉보기 질량 증가에 의한 것이라 생각된다. 이 증가한 질량을 Δm라 하면

$$m\tilde{z} = -\Delta m\tilde{z} - kz$$

$$\therefore (m + \Delta m)\tilde{z} + kz = 0 \tag{3.19}$$

가 되며 고유주기 T_z'는

$$T_z' = 2\pi\sqrt{\frac{(m + \Delta m)}{k}} \tag{3.20}$$

2) 무한유체 중에 있어서의 부가 질량

무한 유체 중에서는 자유표면의 영향이 없기 때문에 동요주파수와는 무관하며 부가질량은 일정하다. 표는 간단한 형상에 작용하는 부가질량을 나타낸 것이다

[표3-2] Added Masses of Various Bodies

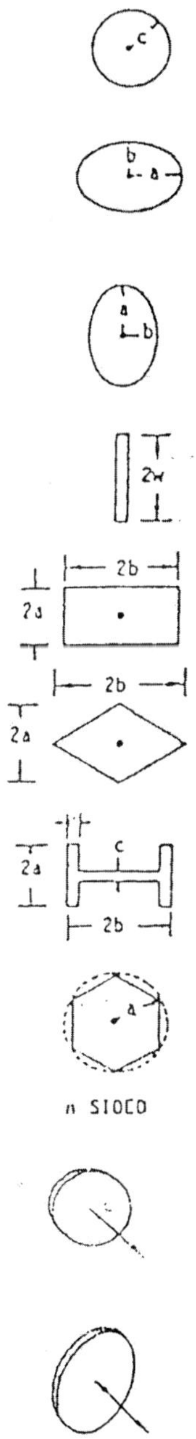

SHAPE	ADDED MASS, PER UNIT LENGTH (←→ MOTION)	
CIRCLE	$\rho\pi c^2$	
ELLIPSE	$\rho\pi b^2$	
ELLIPSE	$\rho\pi a^2$	
PLATE	$\rho\pi w^2$	
RECTANGLE	a/b: ∞ 1.00 $\rho\pi a^2$; 10 1.14 "; 5 1.21 "; 2 1.36 "; 1 1.51 $\rho\pi a^2$; 0.5 1.70 "; 0.2 1.98 "; 0.1 2.23 "	(Wendel 1950)
DIAMOND	2 0.85 "; 1 0.76 "; 0.5 0.67 "; 0.2 0.61 "	(Wendel 1950)
I-BEAM (a/c = 2.6, b/c = 3.6)	2.11 $\rho\pi a^2$	(Patton 1965)
REGULAR POLYGON OR n SIDED	n = 3 0.654 $\rho\pi a^2$; 4 0.787 "; 5 0.823 "; 6 0.867 "; ∞ 1.000 "	(Wendel 1950)
CIRCULAR DISK*	$\frac{8}{3}\rho c^3$	
ELLIPTICAL DISK	b/a: ∞ 1.000 $(\pi/6)\rho b a^2$; 3 0.900; 2 0.826 "; 1.5 0.758 "; 1.0 0.637 "	(Munk 1934)

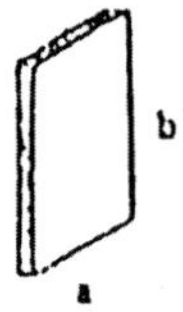

RECTANGULAR PLATE

b/a		$(\pi/4)\rho a^2 b$
1.0	0.579	$(\pi/4)\rho a^2 b$
1.25	0.642	"
1.59	0.704	"
2.0	0.757	"
2.5	0.801	"
4.0	0.872	"
5.0	0.897	"
8.0	0.934	"
10.0	0.947	"
∞	1.000	"

(Meyerhoff 1970)

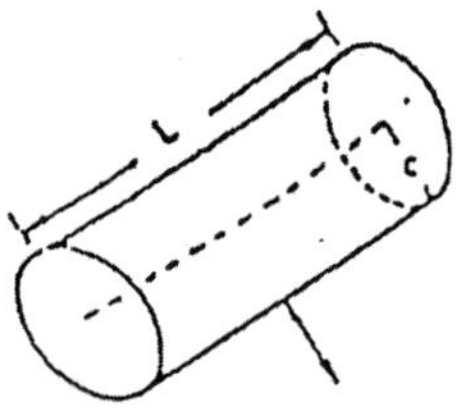

L/(2c)		
1.2	0.62	$\pi\rho a^2 b$
2.5	0.78	"
5.0	0.90	"
9.0	0.96	"
∞	1.00	"

(Wendel 1950)

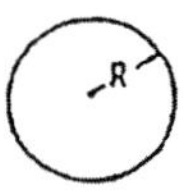

SPHERE $\frac{2}{3}\rho\pi R^3$

ELLIPSOID OF REVOLUTION $k\frac{4}{3}\rho\pi b^3$

a/b	k
0.01	0.6348
0.10	0.6148
0.20	0.6016
0.40	0.5712
0.60	0.5447
0.80	0.5211
1.00	0.5000
2.00	0.4200
3.00	0.3660
5.00	0.2956
7.00	0.2511
10.00	0.2071

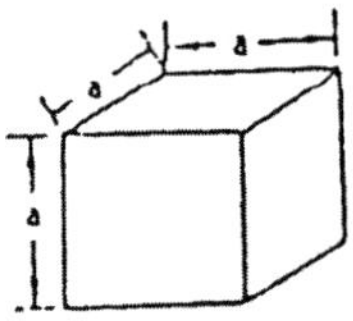

CUBE $0.7\rho a^3$

(Sarpkaya 1960, Yu 1945)

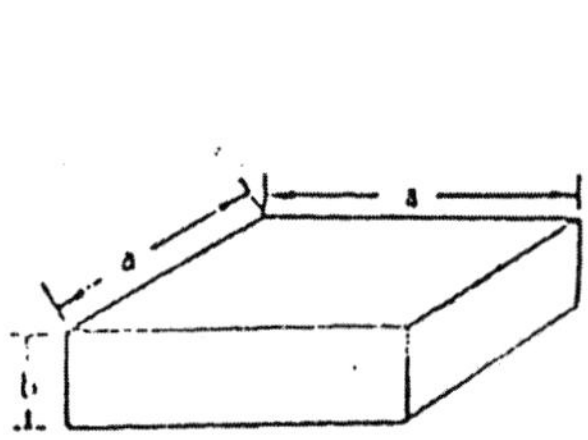

RECTANGULAR BLOCK $k\rho a^2 b$

b/a	k
0.5	1.32
0.6	1.15
0.8	0.84
1.0	0.70
1.2	0.57
1.6	0.45
2.0	0.35
2.4	0.30
2.8	0.26
3.6	0.22

(Sarpkaya 1960)

3)부가질량에 대한 자유표면의 영향

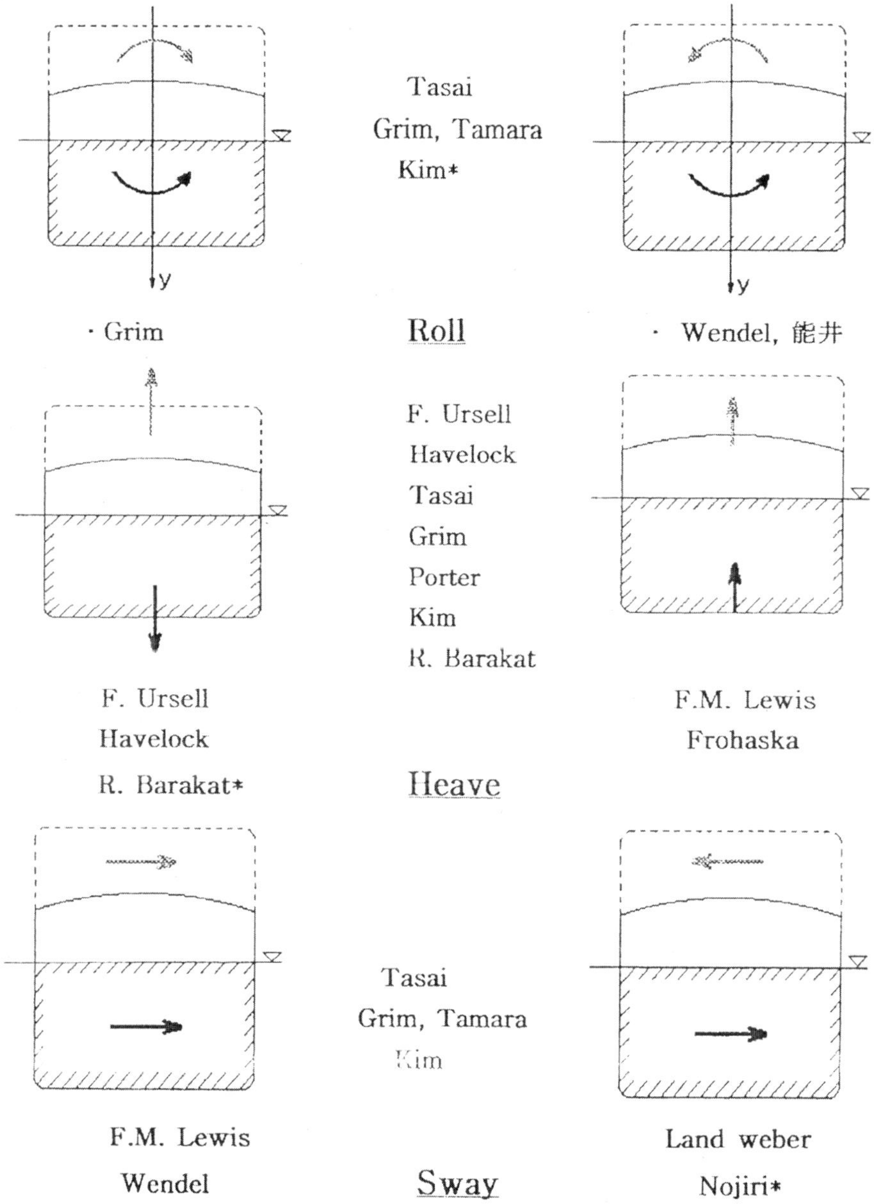

*는 Three Dimensional Body

[그림 3-2] 경상효과와 역경상효과

연직하방을 z축의 정으로 한 경우 자유표면조건은 전 절로부터

$$k\Phi + \frac{\partial \Phi}{\partial z}\Big|_{z=0} = 0 \tag{3.21}$$

(1)주파수 $\omega = 0$의 경우

$\omega \to 0$ 즉 주기가 극히 저주파수 경우의 동요는 위 식으로부터 자유 표면조건은

$$\frac{\partial \Phi}{\partial z} = 0 \qquad on \qquad z = 0 \tag{3.22}$$

가 되며, 자유표면은 고체벽과 같은 작용을 하는 것과 같다.

이 경우 자유표면의 부가질량에 주는 영향은 경상효과가 된다.

(2)주파수 $\omega = \infty$ 경우

자유표면상에 떠있는 물체가 급격하게 가속되는 경우 관성력 증가에 대한 자유표면의 영향은 물체의 경상이 역방향으로 진행하는 때의 효과와 같다. 이 때 자유표면조건은 (3.22)식으로부터

$$\Phi = 0 \qquad on \qquad z = 0 \tag{3.23}$$

가 된다.

물체가 고주파수에서 진동하는 경우는 $\omega^2\Phi$에 비하여 $g\frac{\partial \Phi}{\partial z}$ 가 매우 작게 된다. 즉 $k = \omega^2/g$가 매우 큰 경우는 파장이 아주 작게 되어 조파현상의 영향은 무시하여도 된다. 따라서 이 경우는 부가질량이 역경상 효과가 된다.

(3) 동요주파수가 $0 < \omega < \infty$의 임의의 경우

부가질량은 자유표면의 영향을 받아서 원주파스 ω에 의존하고 있다. 아래 [그림 3-3], [그림 3-6]은 *potential*이론으로 구한 상하동요하고 있는 때의 부가질량 및 조파감쇄계수이다.

그림으로부터 알 수 있듯이 계산 방법에 따라 결과는 다소차이가 있음을 알 수 있으며 단면 형상 및 원주파수 ω에 의존하고 있는 것을 알 수 있다. 또한 *Lewis form* 단면에서 간단히 추정하는 다음과 같다.

$$\text{상하요 부가질량계수 } K_4 = \frac{m_H}{\frac{1}{2}\rho\phi b^2 C_0} \tag{3.24}$$

$$C_0 = \frac{(1+a_1)^2 + 3a_3^2}{(1+a_1+a_3)^2} \tag{3.25}$$

a_1, a_3; *Lewis form* 형상계수

$$\text{반폭흘수비} \quad H_0 = \frac{B}{2T} = \frac{b}{T} \tag{3.26}$$

$$\text{무차원 흘수비} \quad \zeta_0 = \frac{\omega^2}{g} \cdot \frac{B}{2} = k \cdot b \tag{3.27}$$

4) 복잡한 형상물체의 부가질량

전절까지 취급한 물체형상은 비교적 단순한 형상의 것이다. 우리들이 통상 취급하는 물체의 형상은 선박을 비롯하여 해양 구조물 등 매우 복잡한 형상을 하고 있는 물체가 많다. 이와 같이 복잡한 물체의 부가질량은 단순한 경우와 달라서 수치계산도 복잡하고 경비도 많이 든다. 이와 같은 경우 통산 강제 동요시험에 의한다든지 strip법에 의한 근사계산법이 이용되고 있다.

strip법이라는 것은 물체형상을 2차원 단면으로 분할하고 2차원의 단순한 형상

의 부가질량을 가합시킴에 의하여 물체전체의 부가질량을 구하는 방법이다.
이 경우에는 다음과 같은 가정이 필요하다.

(a) 물체의 2차원 단면상의 유체의 흐름은 2차원이다.
(b) 물체에 작용하는 유체력은 서로 상호간섭이 없다.
(c) 물체 단부에 대한 유체력의 영향은 작다.
(d) 물체형상은 세장형이다.

이상의 조건이 어느 정도 만족되면 strip법이 적용할 수 있는가 어떨까는 금후의 과제이다.

[표 3-3]은 strip 이론에 의한 결과와 실험치 및 정확한 수치계산 등과의 비교이다.

[표 3-3] Added Mass Coefficients for Finite Cylinders and Plates(*Blevins* 1979)

Cylinder (L , radius= c) Added Mass ($\rho\pi Lc^2$)			Plate (L , width= ω) Added Mass ($\rho\pi\omega^2 L/4$)		
$L/2c$	ship theory	Exp.	L/ω	ship theory	Exact
1.2	1.0	0.62	1.0	1.0	0.5790
2.5	1.0	0.78	2.0	1.0	0.7568
5.0	1.0	0.90	4.0	1.0	0.8718
9.0	1.0	0.96	10.0	1.0	0.9469

[그림 3-3, 3-4, 3-5, 3-6]은 3DM, OSN(Ordinary Strip Method) 및 실험결과 값이다.

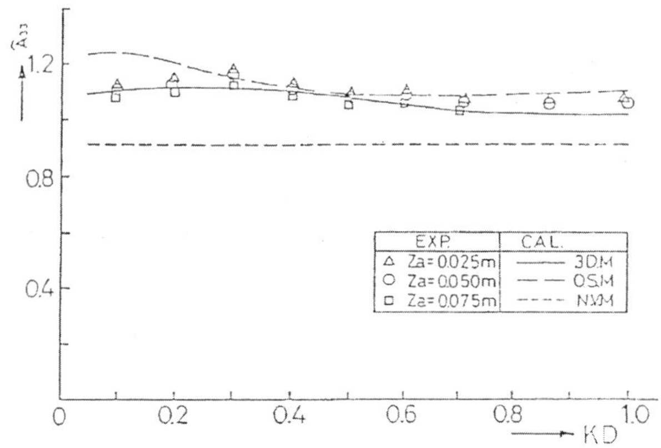

[그림 3-3] added mass for heave

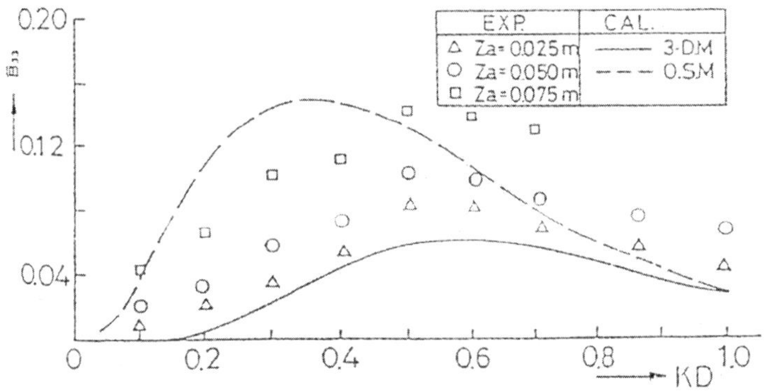

[그림 3-4 Damping coeff.]

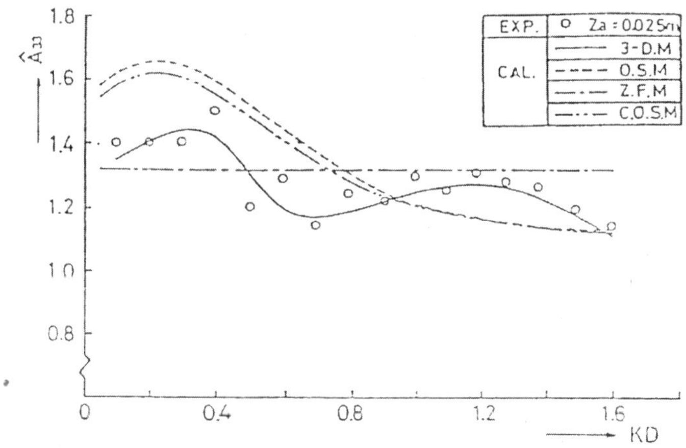

[그림 3-5] added mass for heave

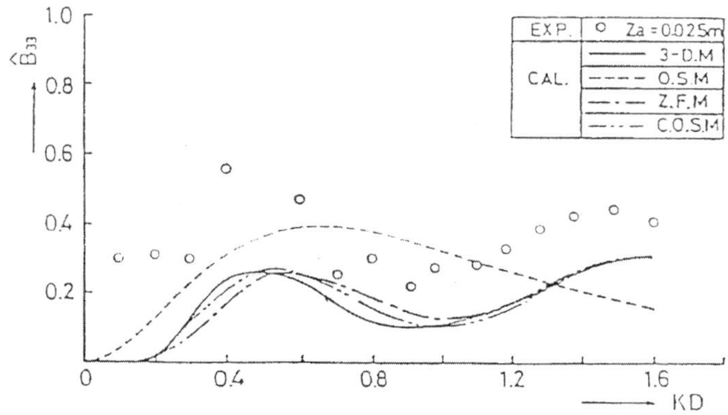

[그림 3-6] Damping coeff for heave

3. 조파감쇠계수

전절의 (3.12)식에 나타낸 물체의 동요속도에 비례하는 항은 물체의 동요진폭을 작게 하려는 항으로 감쇠항이라 한다. 이 항은 2가지 성분이 있으며 하나는 점성의 영향을 포함하지 않는 조파에 의한 감쇠항으로 조파감쇠력이라 한다. 이에 대해 또 하나는 점성의 영향에 의한 것으로 이를 점성감쇠력 또는 항력이라 부른다.

1) 조파감쇠력

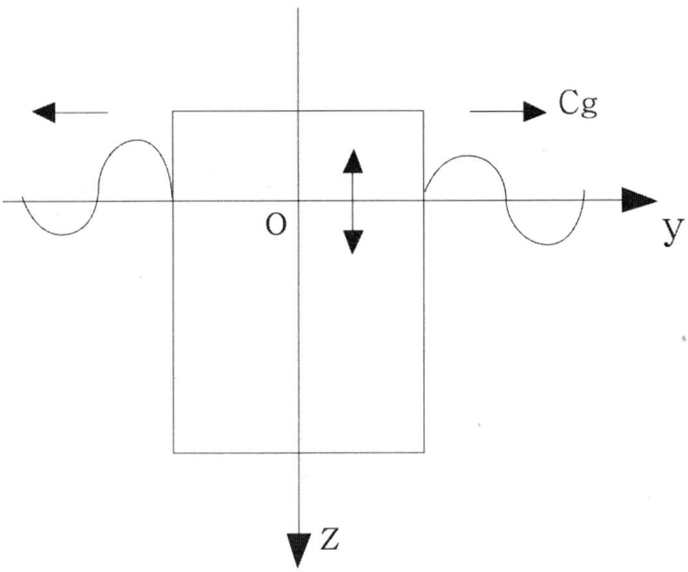

[그림 3-7] 조파감쇠력

물체가 어떤 mode로 동요하고 있다고 한다면, [그림 3-7]와 같이 물체의 양측에는 진행파가 발생한다. 이 진행파의 진폭을 ζ_a라 하면 단위 폭, 단위 길이당 파 에너지는 $\frac{1}{2}\rho g\zeta_a^2$이다. 이것이 물체의 양측에 군속도 C_g로 전파하므로 단위시간에 전파되는 파 에너지 E_0는 다음 식으로 표시된다.

$$E_0 = 2 * \frac{1}{2}\rho g \zeta_a^2 C_g \tag{3.28}$$

수심이 무한대의 경우 $C_g = \frac{c}{2} = \frac{g}{2\omega}$ 이므로

$$E_0 = \frac{\rho g^2}{2\omega}\zeta_a^2 \tag{3.29}$$

이 에너지는 물체에 작용하는 조파감쇠력이 한 일의 평균값과 같다.

지금 물체의 조파감쇠력 계수를 단위길이에 대하여 N_H라 한다. 물체의 상하요를 $\dot{Z} = Z_a \sin(\omega t + \epsilon_z)$라 하면 상하요 속도는 $\dot{Z} = \omega Z_a \cos(\omega t + \epsilon_z)$이므로 조파감쇠력은 $N_H \dot{Z}$이며 이것이 한 주기간에 한 일의 평균값은 단위길이당

$$\overline{W} = \frac{1}{T}\int_0^T N_H \dot{Z}^2 dt \tag{3.30}$$

$$= \frac{1}{T}\int_0^T \omega^2 N_H \dot{Z}_a cos^2(\omega t + \epsilon_z) dt$$

$$= \frac{1}{2} N_H \omega^2 Z_a^2$$

이것은 전파하는 조파에너지와 같으므로

$$N_H = \frac{\rho g^2 \zeta_a^2}{2\omega} \cdot \frac{2}{\omega^2 Z_a^2} = \frac{\rho g^2 \widehat{A}_H^2}{\omega^3} \tag{3.31}$$

단 $\widehat{A}_H = \frac{\zeta_a}{Z_a}$

이것이 발산파의 진폭비 $\widehat{A_H}$와 조파감쇄계수 N_H와의 관계를 지어주는 식이다. 즉 물체의 동요에 의해 발생하는 파진폭은 물체형상, 동요주파수, 동요 *mode* 등에 의존한다. 따라서 조파감쇄계수는 위 *parameter*에 크게 의존한다.

2) 점성감쇠력

해양구조물과 같이 수선면적이 작고 수선하의 물체형상이 복잡하고 배수량이 큰 물체는 통상의 선박과 달라 조파감쇠력보다 점성감쇠력이 큰 경우가 많다. 이 점성감쇠력을 간단하게 다음과 같이 표시한다.

$$F = \frac{1}{2} C_D \rho V|V| S \tag{3.32}$$

단 V ; 물체의 운동과 파입자 속도와의 상대속도

S ; 흐름방향의 물체의 투영면적

ρ ; 유체밀도

C_D ; 항력계수

이 점성력은 현재로는 실험적으로 구하는 것이 일반적이며 그 예를 [표3-4]에 표시한다. 이들의 값은 Reynolds수 (VL/ν) 및 그 동요 진폭비 (K-C Number= KT/L, V ; 동요속도, T ; 동요주기, L ; 대표길이)에 의존하기 때문에 주의를 요한다.

[표 3-4]는 원주의 항력계수를 Reynolds 수에 대하여 나타낸 것이다.

[표3-4] 물체의 항력계수

<table>
<tr><th>흐름의 방향</th><th>단면형상</th><th colspan="2">C_D</th></tr>
<tr><td>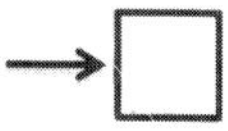</td><td></td><td>2.05</td><td>1.2</td></tr>
<tr><td>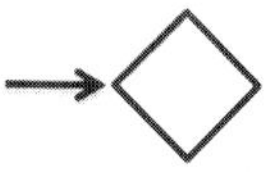</td><td></td><td>1.55</td><td>1.0</td></tr>
<tr><td>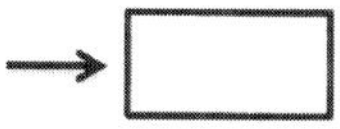</td><td></td><td>1.40</td><td>0.6</td></tr>
<tr><td>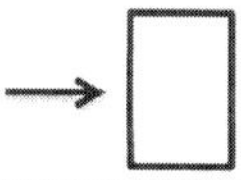</td><td></td><td>2.20</td><td>1.6</td></tr>
<tr><td>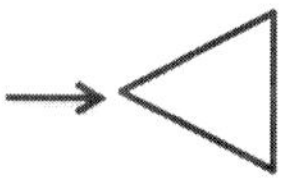</td><td>정삼각형</td><td>1.55</td><td>1.1</td></tr>
<tr><td>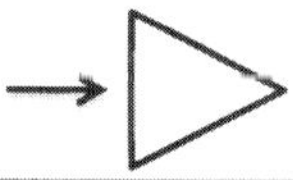</td><td>정삼각형</td><td>2.00</td><td>1.3</td></tr>
<tr><td>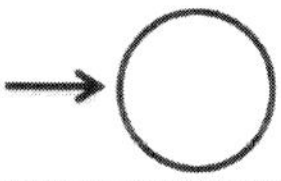</td><td>원</td><td>1.17</td><td rowspan="3">단면형의 각을 한 변의 $\frac{1}{4}$ 을 반경으로 Rounding</td></tr>
<tr><td>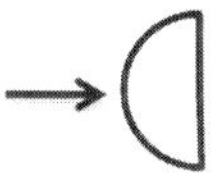</td><td>반원</td><td>1.16</td></tr>
<tr><td>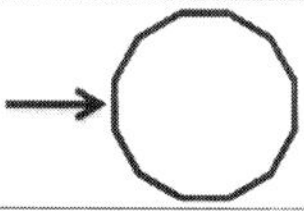</td><td>정12각형</td><td>1.30</td></tr>
</table>

<table>
<tr><th>흐름의 방향</th><th>물체의 형상</th><th colspan="2">치수비</th><th>C_D</th></tr>
<tr><td rowspan="4">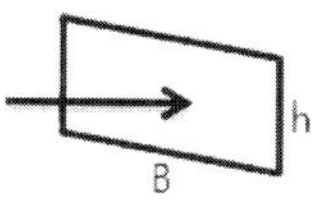</td><td rowspan="4">폭 : B
높이 : h</td><td rowspan="4">$\frac{B}{h}$</td><td>1</td><td>1.16</td></tr>
<tr><td>5</td><td>1.20</td></tr>
<tr><td>20</td><td>1.53</td></tr>
<tr><td>∞</td><td>1.96</td></tr>
</table>

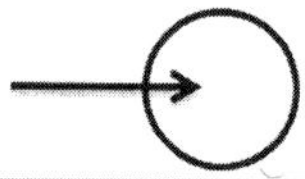	직경 : D			1.11
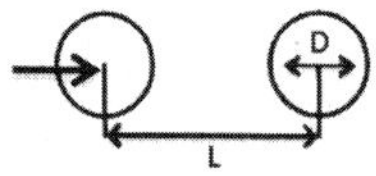	2개의 원판	$\frac{L}{D}$	1	0.93
			2	1.04
			3	1.52
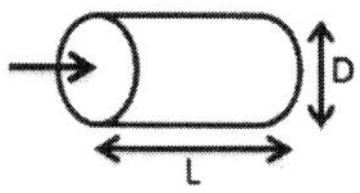		$\frac{L}{D}$	1	0.91
			2	0.85
			4	0.87
			7	0.99
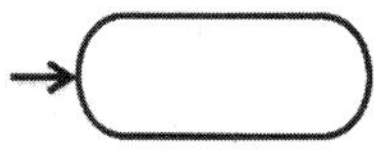	원주 + 반원			0.61
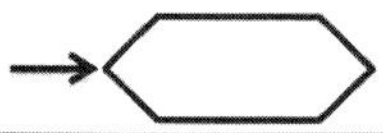		α	90°	0.74
			60°	0.70
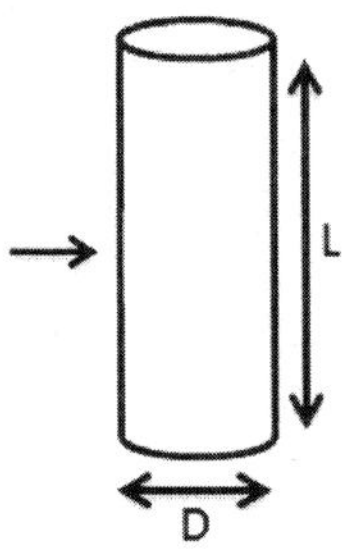	원주 $R_e = 10^4 \sim 2 \times 10^3$	$\frac{L}{D}$	1	0.63
			2	0.68
			5	0.74
			10	0.82
			20	0.92
			∞	1.20
	$R_e > 5 \times 10^5$	$\frac{L}{D}$	∞	1.35

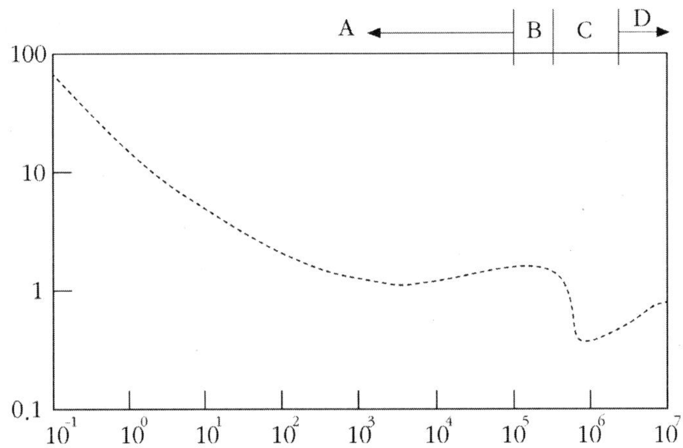

[그림3-8] 원주의 항력계수

[표 3-5] Incompressible flow, regions and their conseguences

	A subcritical	B critical	C supercritical	D post-super critical
Boundary Layer	Laminar	transition	turbulent	turbulent
seperation	about 82deg	transition	120~130deg	about 120deg
shear layer near seperation	Laminar		Laminar seperation	turbulent
Strouhal Number	S=0.21~2.7	transition	0.35~0.45	0.29
Wake	Re 〈60 Laminar 60 〈Re 〈5000 vortex street Re〉 5000 turbulent			
Approximate Re range	〈2×10^5	2×10^5 ~ 5×10^5	5×10^5 ~ 3×10^6	〉 3×10^6

[표 3-5], [그림 3-8]로부터 알 수 있듯이 항력계수는 R_n수에 의하여 크게 다르기 때문에 모형실험으로부터 실기의 운동을 추정하는 경우 이들의 점을 고려할 필요가 있다. 즉 모형실험으로 $R_n \fallingdotseq 10^3 \sim 10^4$라 한다면 $C_D \fallingdotseq 1.0$, 이에 대하여 실기의 R_n수가 $5\times10^5 < R_n < 3.5\times10^6$ 의 경우 $C_D \fallingdotseq 0.30$ 이며, 이를 $C_D \fallingdotseq 1.0$으로 한다면 감쇄력을 3배로 추정하는 것이 되며 운동진폭을 과소평가하는 것이 되기 때문에 큰 잘못을 범하게 되므로 주의를 요한다. 이 점은 금후 연구되지 않으면 안 될 중요한 Point이다. 이와 같이 C_D의 급격한 감소를 일으키는 곳의 R_n수를 임계 R_n라 부르며 임계 R_n보다 낮은 영역을 아임계 영역, 위의 영역을 초임계 영역이라 부른다. 즉 R_n수가 증대하면 그 후는 R_n의 중대와 함께 C_D는 서서히 크게 되며 $8\times10^6 < R_n$에서 다시 변화하지 않게 되며 $C_D \fallingdotseq 0.7$ 이 된다. 이 영역을 극초임계 영역이라 부른다.

4. 복원력

1) 횡요의 복원 moment

횡요의 복원 moment는

$$M\Phi = \overline{W} \cdot \overline{GZ} \tag{3.33}$$

가 된다. 경사각이 매우 작으면 (10° 정도)

$$M\Phi = \overline{W} \cdot \overline{GZ} = \overline{W} \cdot \overline{GM} \cdot \sin\Phi \fallingdotseq W \cdot \overline{GM}\Phi \tag{3.34}$$

로 표시되며, 이 범위를 초기복원력이라 한다. 횡축에 경사각 Φ를 취하고 종축에 복원 moment $W \cdot \overline{GZ}$ 또는 중량 W는 각도에 무관계하므로 생략하고 $\overline{GZ}$를 취한 곡선을 각각 복원력 곡선, 복원정 곡선이라 부른다.

복원정 $\overline{GZ}$의 형을 분류하면

$$\text{(a) 선형표시 } \overline{GZ} = \overline{GM} \cdot \Phi \tag{3.35}$$

이형이 가장 잘 사용된다. 경사가 크면 오차가 생기나 방정식을 선형으로 취급하기 때문에 여러 수정을 가하여 이 형으로 하는 것이 많다.

$$\text{(b) 정현표시 } \overline{GZ} = \overline{GM} \cdot \sin\Phi \tag{3.36}$$

침수한 잠수함이나 원형단면의 배는 이 형으로 표시할 수 있다. 일반 배에서 한계각은 180°가 아니고 더욱 작은 값이므로 수정하여

$$\overline{GZ} = \frac{\Phi_r}{\pi}\overline{GM}sin(\pi\frac{\Phi}{\Phi_r}) \tag{3.37}$$

단 Φ_r은 복원력이다.

(1) 다항식표시

$$\overline{GZ} = \alpha\Phi - \beta\Phi^3 \text{ ; tumble home type} \tag{3.38}$$

$$\overline{GZ} = \alpha\Phi + \beta\Phi^3 \text{ ; 측벽형 또는 Fear형} \tag{3.39}$$

(2) 상하요와 종동요의 복원력

수선면적을 A_W, 종 metacenter를 M_L라 하면, 상하요의 복원력 F_{S3}와 종동요의 복원 moment M_{S5}은 각각의 변위량에 대하여 선형표시되어 다음식으로 나타낸다.

$$F_{S3} = \rho g A_W . Z \tag{4.40}$$

$$M_{S5} = \overline{W} \bullet \overline{GM_L} \bullet \theta \tag{4.41}$$

상하요와 종동요의 감쇄는 매우 크기 때문에 자유동요의 Time-history로부터 횡요와 같이 감쇄곡선을 그려 계수를 구하는 것이 불가능하다.

5. 파강제력

3. 에서 논한 것처럼 파강제력 F_{Ze}는 Froude-Krylov force와 Diffraction force로 나누어진다. 본 절에서는 이들을 구하는 방법들에 대하여 간략하게 설명하고 4장에서 자세하게 기술한다.

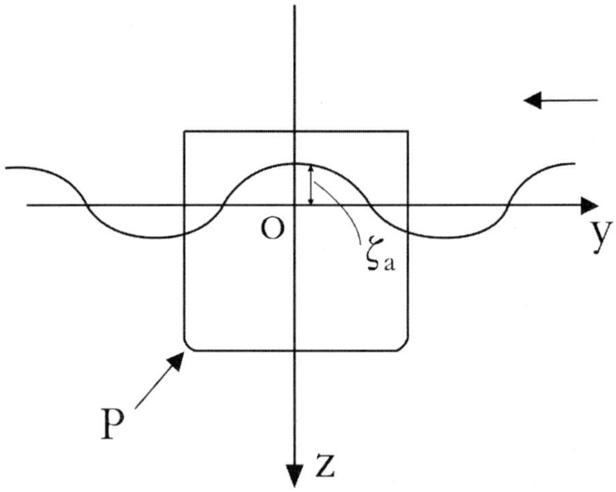

[그림3-10] Froude-Krylov Force

이 힘은 [그림 3-10]에 표시한 것처럼 물체에 부딪히는 입사파가 물체표면상의 변동압력은 파동방정식으로부터

$$\zeta_w = \zeta_a e^{-kz} \cos(ky + wt) \tag{3.42}$$

이 y축의 정방(+)로부터 온다고 생각한다.

(3.42)식의 속도 potential은

$$\Phi_w = \frac{g}{w} \zeta_a e^{-kz} \sin(kx + wt) \tag{3.43}$$

이 파에 의한 유체영역의 임의의 점 (y, z)에 있어서 변동압력은

$$P = -\rho \frac{\partial \Phi}{\partial t} = -\rho g \zeta_a e^{-kz} \cos(ky + wt) \tag{3.44}$$

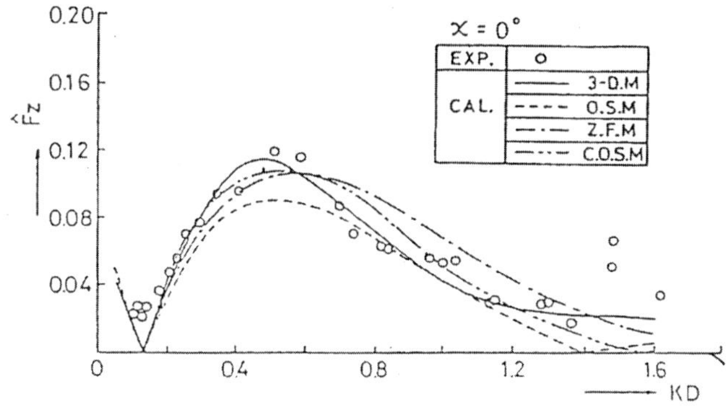

[그림 3-11] Wave exciting force for heave with even keel in head sea cond.

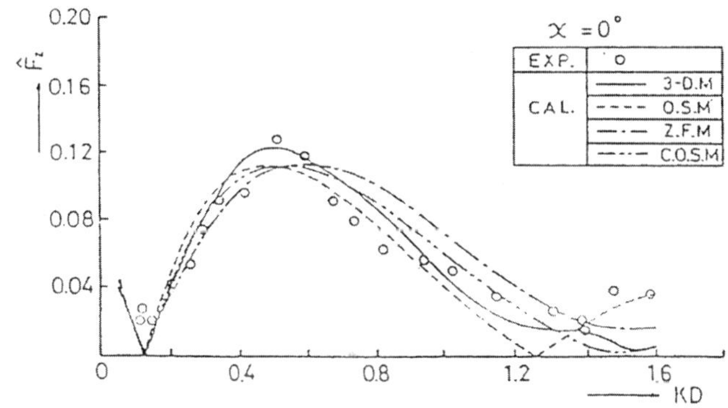

[그림 3-12] Wave exciting force for heave with trim angle 10° in head sea cond.

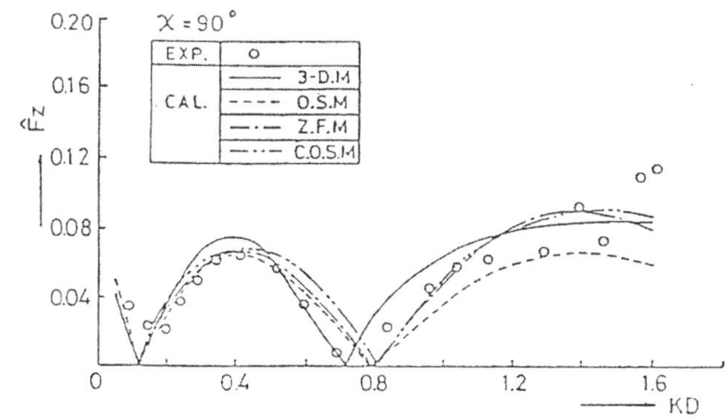

[그림 3-13] Wave exciting force for heave with even keel in beam sea cond.

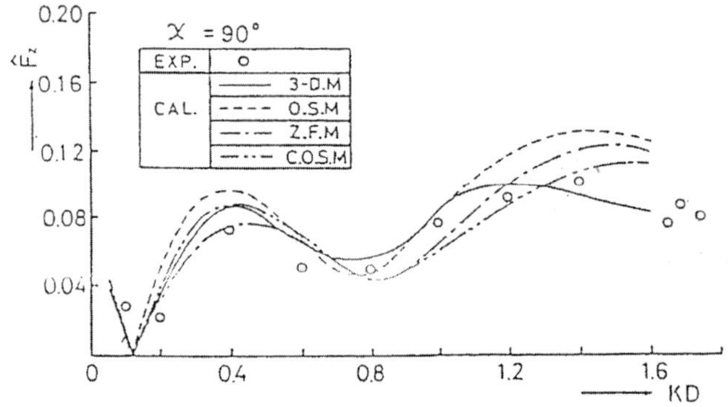

[그림 3-14] Wave exciting force for heave with trim angle 10° in beam sea cond.

1) Froude Krylov Force

파강제력은 [그림 3-11]-[그림 3-14]에 표시한 것처럼 물체의 존재에 입사파가 교란되지 않는다고 한 때의 물체 표면상의 입사파의 압력 (3.42)식으로부터 구하여진다.

즉 수면하 물체형상의 좌표를 알면 (3.44)식으로부터 곧 물체 표면상의 압력분포가 구하여진다. 이 압력에 구하고자 하는 방향의 방향 여현을 곱하여, 전 표면에 걸쳐 적분하면 물체에 작용하는 Froude-Kriloff's Force가 구하여 진다. 즉

$$F_{F.K} = \int_s P(y, z; t)\, l\, dS \tag{3.45}$$

ex. 반경 10m, 길이 100m의 반원주가 떠 있다. 지금 파고 1m 주기 5초의 파가 물체의 횡방향으로부터 입사하여 오는 경우 t=0에 있어서 상하방향의 Froude-Kryloff's Force를 구하여라.

단, 파의 형은 $\zeta_w = \zeta_a e^{-kz} \cos(ky + wt)$이다.

2) Diffraction Force이 근사계산법

Diffraction Force라는 것은 물체의 존재로부터 입사파가 각란된 결과 물체에

작용하는 힘이 되며 다음과 같은 근사적 방법으로 구한다.

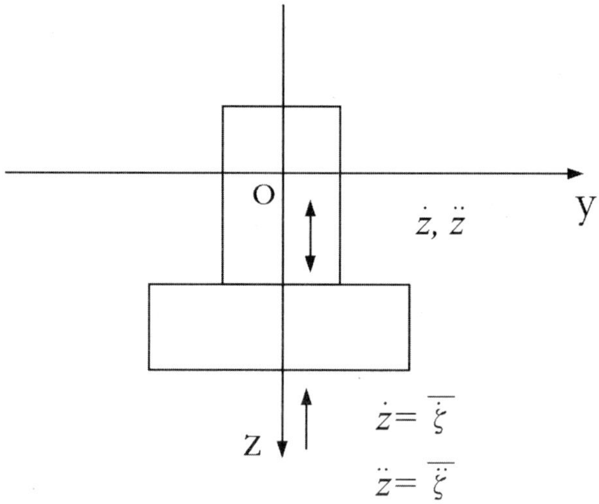

[그림 3-15] relative motion concept

[그림 3-15]에 표시한 것처럼 물체가 정수중에서 z축의 정방향으로 속도 $\dot{Z}$, 가속도 $\ddot{Z}$으로 움직인다고 한다. 그 때 물체에 작용하는 힘을 Fz라 하면

$$F_Z = -M_H\ddot{Z} - N_H\dot{Z} \tag{3.46}$$

단, 점성력은 포함되어 있지 않다.

이상의 것은 역으로 물체고정의 경우를 생각하면 유체가 z축의 (-)방향으로 속도 $\dot{Z}$, 가속도 $\ddot{Z}$로 움직이는 경우가 같다. 즉 고정물체에 입사파가 파입자 속도 $-\overline{\dot{\zeta}_w}$, 가속도 $-\overline{\ddot{\zeta}_w}$로 부딪히는 것과 같다. 따라서 (3.46)식의 부가질량 , 감쇄계수 을 이용하여 다음과 같이 표시할 수 있다.

$$F_{ZD} = -M_H(-\overline{\ddot{\zeta}_w}) - N_H(-\overline{\dot{\zeta}_w}) \tag{3.47}$$

$$= M_H(\overline{\ddot{\zeta}_w}) + N_H(\overline{\dot{\zeta}_w})$$

단 $\overline{\dot{\zeta}_w}$, $\overline{\ddot{\zeta}_w}$는 물체 형상의 대표적인 위치에 놓인 값을 이용하면 좋다. 이상과 같은 생각(방법)을 상대운동이론(Relative motion concept)라 부르고 있다. 이 방법은 strip 이론으로 잘 이용되고 있다.

6. 바람 혹은 수류에 의한 Buoy의 운동

바람 혹은 수류가 Buoy에 작용하면 그 힘이 정상력이라면 (혹 Buoy system의 고유주기에 비하여 대단히 긴 주기에서 유체력이 변동하고 있는 경우), 일반적으로 변동하는 때에 생기는 것처럼 변동외력이 작용하면 Buoy의 위치도 시간적으로 변동하고, 전절까지에서 논한 것처럼 주파수 응답특성을 갖는다. 이들의 유체력의 변동주기가 짧지 않은 경우에는 통상 Buoy는 강체로써 그 운동을 바꾸어 쓸 수 있다.

다음은 이들 유체력의 변동주기가 짧은 경우 특히 Buoy의 탄성체로써의 고유진동수에 가까운 경우에는 변동외력 때문에 공진하여, 강도상 위험한 상태로 되는 경우가 있다. 이와 같은 경우에는 Buoy의 탄성변형에 기인, 부가적 유체력(전절의 radiation force적인 것에 상당)을 고려하지 않으면 안 된다.

1) 정상유체력

바람 혹은 유체가 물체의 후부에서는, 압력은 전면의 압력까지 상승하지 않는다. 따라서 물체의 압력분포를 물체 전주위에 대하여 적분하면 흐름의 방향의 합력은 0이 되지 않으며 물체에는 압력저항으로서의 유체력이 작용한다.

또한 물체가 유선방향에 직각방향으로 대칭인 형상에서는 흐름도 비대칭이 되며 흐름이 직각방향으로 양력도 작용한다. 또한 물체의 표면에 연하여 적용하는 접선응력(또는 마찰력)도 존재한다.

일반적으로 이와 같은 유체력을 흐름의 방향과 그에 직각방향으로 분해하고 전자를 저항, 후자를 양력이라 부른다. 또한 흐름의 작용점은 반드시 물체의 기준선과는 일치하지 않기 때문에 회전 moment를 일으킨다. 이들의 힘을 다음과 같은 형식으로 나타내고 있다.

$$\text{항력} \ : \ D = \frac{1}{2}\rho V^2 C_D A \tag{3.48}$$

$$\text{양력} \ : \ L = \frac{1}{2}\rho V^2 C_L B$$

$$moment : \ M = \frac{1}{2}\rho V^2 C_M B_L$$

단 A는 흐름에 직각면에 대한 물체의 투영면적, B는 상면적, L는 물체의 대표적 길이 C_D, C_L, C_M은 항력계수, 양력계수 및 moment 계수라 부르며, 물체의 형상 및 Reynolds수의 의하여 정하여지는 무차원계수이다.

위 식에서 A, B, L의 취하는 방법에 따라 C_D, C_L, C_M의 값이 달라지므로 주의하지 않으면 안된다.

물체의 주위흐름의 성질은 물체의 형상이 동일하여도 물체의 대표적 길이 L, 흐름의 속도 V 및 유체의 동점성 계수 ν로 정하여지는 Reynolds 수 (VL/ν)의 값에 의하여 변화한다.

$15^\circ C$ air : $\nu = 1.45 \times 10^{-5} m^2/\text{sec}$

$15^\circ C$ 해수 : $\nu = 1.187 \times 10^{-6} m^2/\text{sec}$

Reynolds수와 원주주위의 흐름 및 항력계수와의 관계는 다음과 같이 된다.

그림에서와 같이 Re<1에서는 유체는 단주에 연하여 흘러, 항력계수 C_D는 Reynolds 수에 역비례하여 감소한다.

Re가 1보다 크게 되면 Re수에 따라 C_D의 감소율은 작게 되며 원주의 후단에 대칭인 1조의 와가 발생한다.

이 와는 Reynolds수와 함께 성장하며 Re가 40이상에서는 불안정이 되며 80~90<Re<150~300에서는 원주에서 떨어져 어떤 일정한 배열을 하며, 즉 karman 와열을 형성한다. 이 때문에 원주에는 정상적인 힘과 주기적인 힘이 발생한다.

150~300 <Re<10^4에서는 와의 열은 불안정하게 되며, 후류는 난류가 된다. Re 수가 증가하면 C_D가 거의 일정치를 가지는 영역이 되며, 이를 지나면 Re=2~5 $\times 10^5$에서 C_D는 급격히 감소하고 Re=5$\times 10^5$부근에서 C_D=0.3정도의 값이 된다. 이 영역을 임계 Reynolds수라 한다. 영역의 분류는 다음과 같다. [그림 3-8] 참조

subcritical (아임계역)	$Re < 2\times10^5$
critical (임계역)	$2\times10^5 < Re < 5\times10^5$
supercritical (초임계역)	$5\times10^5 < Re < 3\times10^6$
post-supercritical (극초임계역)	$3\times10^6 < Re$

이상은 표면이 매끄러운 원주에 대하여 논하였으나 표면의 조도가 증대한 경우는 임계 Reynolds 수가 감소하는 반면 C_D의 감소가 작게 된다.

또한 원이나 원형판 같은 sharp edge를 가진 물체의 경우는 Reynolds 수가 큰 영역에서, C_D의 변화는 매우 작다.

2) 비정상유체력

(1) karman 와에 의한 변동력

karman 와에 발생하는 주파수 f는 속도 V와 물체의 대표적 길이 D(원주의 경우는 직경)와 이루어지는 strouhal number S로 특정지어진다.

$$S = \frac{fD}{V} \tag{3.49}$$

S는 C_D와 같이 물체의 형상과 Re수에 의존하여 변화 한다. S와 C_D와의 사이에는 밀접한 관계가 있으며 S는 근사적으로 C_D에 역비례 한다.

$$\text{원주의 경우 } S \fallingdotseq 0.22/C_D \tag{3.50}$$

각종 형상에 대한 2차원 흐름의 경우 Re>10^3에서는 평균치로써 $S \fallingdotseq \dfrac{0.21}{C_D^{3/4}}$ 인 실험치가 주어져 있다.

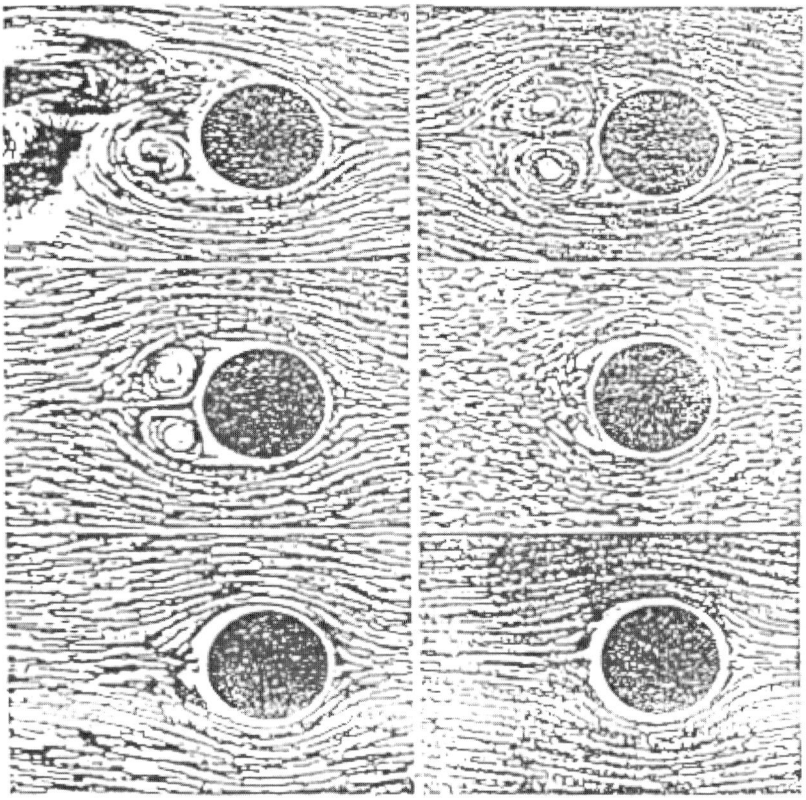

[그림 3-16] 단장 주위의 흐름

Initial stages of the flow past a circular cylinder which is accelerated impulsively from stages of rest to constant velocity.(From Prandu 1927)

karman 와에 의한 힘은 흐름에 직각방향 즉 양력은 크고, 흐름방향의 항력으로써는 그다지 크지 않다. 이 때문에 잘 알고 있는 것처럼 karman 와에 의한 물체의 진동은 흐름에 직각방향으로 생긴다.

(2) 유속변동에 의한 힘

유속이 시간적으로 변동하고 있는 경우에는 유체력은 다음식으로 주어진다.

$$F(t) = \frac{1}{2}\rho C_D A|V|V + \rho C_m \nabla \frac{\partial U}{\partial t} \tag{3.51}$$

단 C_m: 질량계수, ∇: 물체의 체적

위 식의 외력을 받으면 Bouy의 강제동요 또는 진동시키는 것과 같이 되며, Bouy의 동요고유주기 또는 고유진동수와 변동유체력의 주기가 일치하는 공진현상이 생긴다. 또 변동유체력의 power spectrol density가 Bouy의 고유주기 부근에서 큰 경우 같은 현상을 일으키는 것으로 된다.

7. 표류력(Drifting Force)

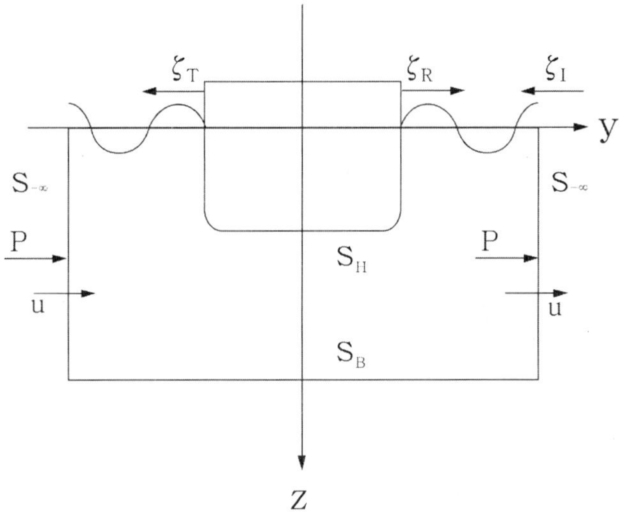

[그림3-19] 표류력

규칙파 중에 있는 부체에 작용하는 파력은 주기적 성분과 정성적 성분이 있으며, 후자를 표류력이라 부른다. 표류력이 큰 부유체의 경우에는 계류삭(索)의 설계에도 이 힘을 고려하지 않으면 불충분하다. 2차원 부유체에 관한 Maruo 이론을 유한수심의 경우에 대하여 생각한다. [그림 3-17]에 표시한 것처럼 2차원 부유체에 ζ_I인 진폭의 입사파가 입사하여, ζ_R, ζ_T인 진폭의 반사파, 투과파가 발생한다고 한다. 단 이경우의 부체는 일반적으로 운동하는 것으로 하여 ζ_R, ζ_T는 diffraction wave만이 아니고 Heave, Sway, Roll의 3mode에 의한 radiation wave의 영향도 포함한 진폭이다. 지금 입사파를 다음 식으로 표시한다.

$$\eta = \zeta_a \frac{\cosh m_0 (h-z)}{\cosh m_0 h} \cos(m_0 y + \omega t) \tag{3.52}$$

표시하고, 반사파, 투과파의 위상차를 δ_R, δ_T라 하면, 입사파, 반사파 및 투과파의 속도 potential Φ_I, Φ_R, Φ_T는 다음과 같이 표시한다.

$$\Phi_I = Re\left\{ \frac{g\zeta_I}{i\omega} \frac{\cosh m_0 (h-z)}{\cosh m_0 h} e^{i(m_0 y + \omega t)} \right\} \tag{3.53}$$

$$\Phi_R = Re\left\{ \frac{g\zeta_R}{i\omega} \frac{\cosh m_0 (h-z)}{\cosh m_0 h} e^{-i(m_0 y + \omega t - \delta_R)} \right\} \tag{3.54}$$

$$\Phi_T = Re\left\{ \frac{g\zeta_T}{i\omega} \frac{\cosh m_0 (h-z)}{\cosh m_0 h} e^{i(m_0 y + \omega t - \delta_T)} \right\} \tag{3.55}$$

$$\text{단,} \quad \frac{\omega^2}{g} = m_0 \tanh m_0 h \tag{3.56}$$

Re{ }는 { }내의 실수부를 취하는 것을 의미한다.

지금 [그림 3-17]에서와 같이 부체로부터 충분히 떨어진 검사면 $S_\infty (y=\infty)$,

$S_{-\infty}(y=-\infty)$,를 취하고, 이들과 자유표면S_F, 물체표면S_H, 수저면S_B로 둘러쌓인 영역을 고려한다. 유체의 비점성, 비회전으로 가정하면 속도 potential Φ가 존재하고 Bernoulli 방정식

$$P+\rho gz+\frac{1}{2}\rho\left[\left(\frac{\partial\Phi}{\partial y}\right)^2+\left(\frac{\partial\Phi}{\partial z}\right)^2\right]+\rho\frac{\partial\Phi}{\partial t}=0 \tag{3.57}$$

가 성립한다. 이 영역 내에서 유체의 y방향의 운동량 변화 $\frac{dM}{dt}$는 Maruo에 의하면

$$\frac{dM_y}{dt}=-\int_{s_\infty}Pds+\int_{s_{-\infty}}Pds-\int_{s_\infty}\rho\left(\frac{\partial\Phi}{\partial y}\right)^2ds+\int_{s_{-\infty}}\rho\left(\frac{\partial\Phi}{\partial y}\right)^2ds+F_y \tag{3.58}$$

로 표시된다. 단 F_y는 부체가 유체로부터 받는 y방향의 힘이다.

(3.58)식에 (3.57)식을 대입하면 다음식이 얻어진다.

$$\begin{aligned}\frac{dM_y}{dt}=&F_y+\int_h^{\eta_\infty}\rho\frac{\partial\Phi}{\partial t}dz-\int_h^{\eta_{-\infty}}\rho\frac{\partial\Phi}{\partial t}dz\\&-\frac{1}{2}\rho\int_h^{\eta_\infty}\left[\left(\frac{\partial\Phi}{\partial y}\right)^2-\left(\frac{\partial\Phi}{\partial z}\right)^2\right]dz\\&+\frac{1}{2}\rho\int_h^{\eta_{-\infty}}\left[\left(\frac{\partial\Phi}{\partial y}\right)^2-\left(\frac{\partial\Phi}{\partial z}\right)^2\right]dz\\&-\rho g\int_h^{\eta_\infty}z\,dz+\rho g\int_h^{\eta_{-\infty}}z\,dz\end{aligned} \tag{3.59}$$

단, η_{∞}, $\eta_{-\infty}$는 S_{∞}, $S_{-\infty}$에 있어서 자유표면의 변위이다. 여기서 (3.59)식의 양변의 시간평균을 취하고, 또한 Φ의 3차이상의 항을 무시하면 주기항은 지워지며

$$
\begin{aligned}
\overline{F_y} = & \frac{1}{2}\rho g\overline{\eta_{\infty}^2} - \frac{1}{2}\rho g\overline{\eta_{-\infty}^2} \\
& + \frac{1}{2}\rho\int_h^0 \overline{\left[\left(\frac{\partial \Phi}{\partial t}\right)^2 - \left(\frac{\partial \Phi}{\partial z}\right)^2\right]}_{\infty} dz \\
& - \frac{1}{2}\rho\int_h^0 \overline{\left[\left(\frac{\partial \Phi}{\partial t}\right)^2 - \left(\frac{\partial \Phi}{\partial z}\right)^2\right]}_{-\infty} dz
\end{aligned}
\tag{3.60}
$$

가 된다. 단, 각 항의 $\overline{\qquad}$는 평균시간을 취한 것을 의미한다.

(3.51)식은 미소진폭에서 주기가 변동하는 유장에 있어서 유한수심인 경우의 표류력이다.

(3.53), (3.54), (3.55)식으로부터

$$
\overline{\eta_{\infty}^2} = \frac{1}{2}\left(\zeta_I^2 + \zeta_R^2\right) + \zeta_I\zeta_R\cos\left(2m_0 - \delta_R\right) \tag{3.61}
$$

$$
\overline{\eta_{-\infty}^2} = \frac{1}{2}\zeta_T^2 \tag{3.62}
$$

$$
\begin{aligned}
\overline{\left[\left(\frac{\partial \Phi}{\partial y}\right)^2 - \left(\frac{\partial \Phi}{\partial z}\right)^2\right]}_{\infty} = & gm_0\frac{\zeta_I^2 + \zeta_R^2}{\sinh 2m_0 h} \\
& + 2gm_0\frac{\cosh m_0(h-z)}{\sinh 2m_0 h}\zeta_I\zeta_R\cos\left(2m_0 - \delta_R\right)
\end{aligned}
\tag{3.63}
$$

$$\overline{\left[\left(\frac{\partial \Phi}{\partial y}\right)^2+\left(\frac{\partial \Phi}{\partial z}\right)^2\right]_{-\infty}}=gm_0\frac{\zeta_T^2}{\sinh 2m_0h} \tag{3.64}$$

(3.61)~(3.63)식을 (3.59)식에 대입하면

$$\overline{F_y}=F_D=\frac{1}{4}\rho g(\zeta_I^2+\zeta_R^2-\zeta_T^2)\left(1+\frac{2m_0h}{\sinh 2m_0h}\right) \tag{3.65}$$

가 된다.

부유체와 유체를 포함한 全 energy원이 입사파만의 경우, 입사파와 반사파 및 투과파와의 사이에는

$$\zeta_I^2=\zeta_R^2+\zeta_T^2 \tag{3.66}$$

의 관계가 성립하고 (3.66)식은 다음과 같은 간단한 형이 된다.

$$F_D=\frac{1}{2}\rho g\zeta_R^2\left(1+\frac{2m_0h}{\sinh 2m_0h}\right) \tag{3.67}$$

또한 무한수심인 경우 즉(h→∞)

$$F_D=\frac{1}{2}\rho g\zeta_R^2 \tag{3.68}$$

가 된다.

이상과 같이 표류력은 물체반사파의 자승에 비례한다.

4장
규칙파 중의 부유체의 운동응답

1. Semi-submersible Rig의 운동학적 특징

Semi-submersible Rig는 일반적으로 상부구조물을 커다란 원주로 지지하고, 하부에 부력 Tank를 가지고 있다. 또한 Rig는 원주 1, 2, 3, 4, 5, 6... 그 수가 다양하다. 이들 해양구조물은 선박과 달리 다음과 같은 특징이 있다.

(a) 배수량에 비하여 수선면적이 작다.
(b) 최적의 중심이 선박보다 수면하 깊은 곳에 있다.
(a), (b)의 관계는 [표 4-1]을 보면 알 수 있다.

[표 4-1] 선박과 해양구조물의 비교

	大形 Tanker	S.S.C.H
L_{PP}/OB	60	20.3
$\nabla/{A_W}^{3/2}$	138	7500

$\overline{OB}$: 수선면보다 부유중심까지의 거리

A_W : 수선면적

A_z : 상하방향부가질량

S.S.C.H : Semi-Submersible Catamaran Hull의 약칭

그러므로 (a), (b), (c)에 대응한 운동역학적특징을 들면,

(i) 고유주기가 길다.

(ii) 파강제력이 작다.

(iii) 상하방향의 파강제력이 0이 되는 주파수가 존재한다.

이하 (i), (ii), (iii)의 역학적 근거에 대하여 논 한다.

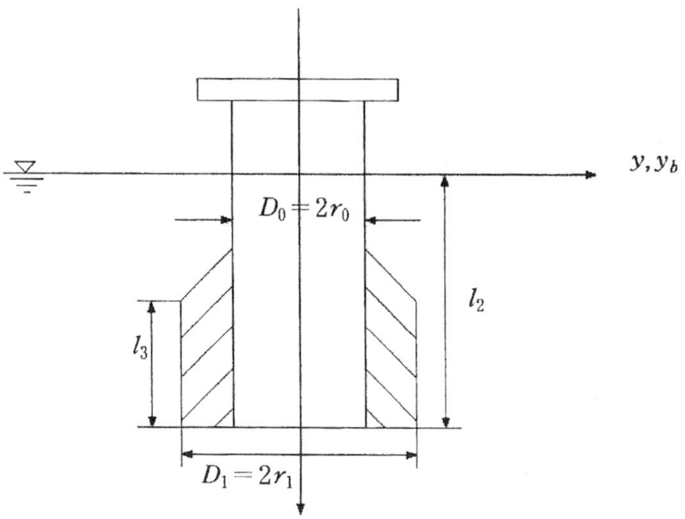

[그림 4-1] Bottle Type Bouy

[그림 4-1]에 나타낸 것처럼 Bouy의 자유상하요의 운동방정식은 점성저항을 무시한다면 다음과 같이 표시된다.

$$(M + A_z)\ddot{Z} + B_z\dot{Z} + \rho g A_w Z = 0 \tag{4.1}$$

위식으로부터 상하요의 고유주기 T_z는

$$T_z \fallingdotseq 2\pi\sqrt{(M+A_z)/\rho g A_w} \tag{4.2}$$

1) Cylinder Bouy의 경우

직경 $D_0 = 2\gamma_0$, 흘수 l_2라 하면,

$$M = \rho\pi{\gamma_0}^2 l_2,\ A_w = \pi{\gamma_0}^2,\ A_z = \frac{4}{3}\rho{\gamma_0}^3$$

$$T_z = 2\pi\sqrt{\rho\pi{\gamma_0}^2 l_2(1+\frac{4}{3\pi}\frac{\gamma_0}{l_2})/\rho\pi{\gamma_0}^2 g} \tag{4.3}$$

$l_2 \ll \gamma_0$ 의 경우

$$T_z \fallingdotseq 2\pi\sqrt{l_2/g} \tag{4.4}$$

(4.4)식으로 흘수 l_2 와 고유주기 T_z의 관계를 [그림 4-2]에 나타낸다.

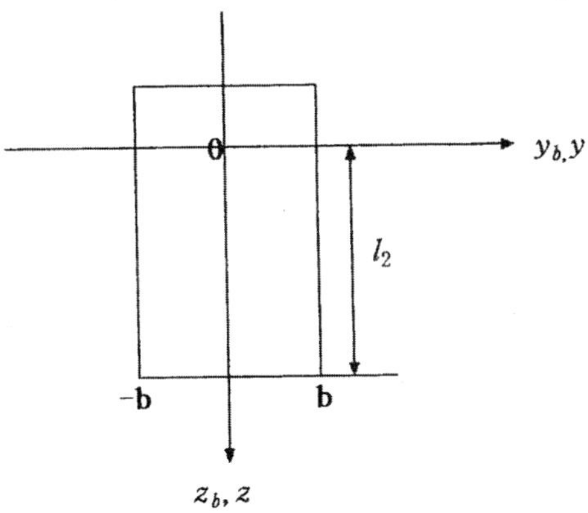

[그림4-2]

구형단면을 가진 2차원 주상체가 단위진폭으로 큰 주기로 상하동요하고 있다고 한다. 전술한 것처럼 Semi-Submersible Rig의 고유주기가 크기 때문에 주기가 큰 파의 강제력에 관하여 고찰한다.

수면에 생기는 발산파의 파장λ은 반폭 b보다도 매우 크기 때문에 Source 분포에서도 높은 근사도로 다음식과 같은 발사파의 진폭을 추정할 수 있다.

$$\widehat{A_H} = 2\sin(kb)e^{-kl_2}$$

따라서 조파감쇠계수 Bz는 (4.1)식으로부터

$$B_z = \frac{\rho g^2 \widehat{A_H^2}}{\omega^3} = \frac{4\rho g^{1/2} b^{3/2}}{(kb)^{3/2}} sin^2(kb) \cdot e^{-kl_2} \tag{4.5}$$

파강제력 Fze의 진폭은

$$\frac{|F_{ze}|}{\zeta_a} = \frac{\rho g A_H}{k} = 2\rho g b \frac{\sin kb}{kb} e^{-kl_2} \tag{4.6}$$

kb<<1의 경우 (4.5), (4.6)식은 다음과 같다.

$$B_z = 4\rho\omega b e^{-2kl_2}, \frac{|F_{ze}|}{\zeta_a} = 2\rho g b e^{-kl_2} \tag{4.7}$$

따라서 수선면적 b가 작은 만큼, 또한 ℓ_2가 큰 만큼 Bz와 $\frac{|F_{ze}|}{\zeta_a}$도 작아진다.

좌우요에 있어서는 같은 (4.6)식으로부터

$$\frac{|F_{se}|}{\zeta_a} = \rho g b \frac{\widehat{A}_s}{kb} \tag{4.8}$$

kb<<의 경우 Lewis Form 단면형상의 경우 전재로부터

$$\widehat{A}_s \fallingdotseq c(kb)^2 \tag{4.9}$$

단, $c = \dfrac{\pi(1-a_1)}{(1+a_1+a_2)^2}$

따라서 원단면의 경우 $c = \pi$가 된다.

$$\therefore \frac{|F_{se}|}{\zeta_a} = \rho g b^2 kc \tag{4.10}$$

이와 같이 수선면적이 작고 부력중심이 깊으면 파강제력은 작게된다. 다음에 상하방향의 파강제력이 0이되는 주파수가 존재하는 것을 나타낸다.

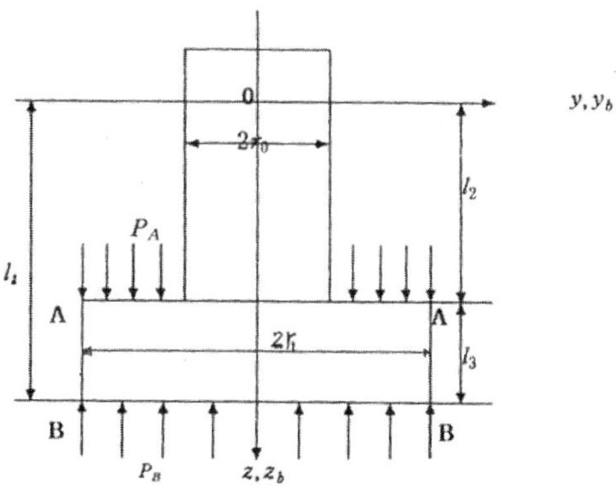

[그림 4-3] 압력분포

[그림 4-3]에서 입사파에 의한 변동압력은 깊이 ℓ1, ℓ2의 위치에서 다음과 같이 된다.

$$P_A = -\rho g z \zeta_a e^{-kl_1} \cos(ky + \omega t) \tag{4.11}$$

$$P_B = -\rho g z \zeta_a e^{-kl_2} \cos(ky + \omega t) \tag{4.12}$$

같은 y의 위치에서

$$\frac{|P_A|}{|P_B|} = e^{-k(l_2 - l_1)} > 1.0 \tag{4.13}$$

그러므로 Froude-krilov의 상하요의 힘은

$$\begin{aligned} F_{zF,K} &= -\rho g \zeta_a [e^{-kl_1} \pi (r_1^2 - r_0^2) - e^{kl_2} \pi r_1^2] \cos\omega t \\ &= -\rho g \zeta_a \pi r_1^2 e^{kl_2} [1 - e^{kl_2} (1 - \frac{r_0^2}{r_1^2})] \cos\omega t \end{aligned} \tag{4.14}$$

그러므로 $$1 - e^{kl_3} (1 - \frac{r_0^2}{r_0^2}) = 0 \tag{4.15}$$

의 때에 $F_{zF,K} = 0$이 된다. 따라서 $k(= 2\pi / L)$즉, 어느 파장의 때에 $F_{zF,K} = 0$가 되는 r0/r1이 존재한다. 또한, 역으로 r0/r1이 주어져 있다면 어느 파장의 때에 $F_{zF,K} = 0$이 된다.

$F_{zF,K}$만이 아니고, F_{ze} 전체가 0이 되기 위하여서는 $F_{ze} = 0$이 되는 파 없는 주파수가 존재하는 형상이 있으며, 그 형은 수면하의 하부가 부풀어 있는 것을 別所, 山下가 나타내고 있다.

자유표면상에 떠있는 부체의 횡요에 관하여는 파 없는 형상이 있는 것을 Ursell이 나타내고 있다. 또한 단동체에서는 파없는 부체도 쌍동(일반적으로 다동체)으로 연결 되면 파 없는 주기가 생기는 것을 Okusoo에 의하여 밝혀졌다.

다음에 [그림 4-7]에 나타낸 것처럼 파없는 실험결과를 나타내었다. 실험은 2개의 모형을 파랑중에 구속하고 규칙파중에 있어서 상하, 수평방향의 파강제력을 측정했다.

실험과 계산의 결과를 [그림 4-4, 4-5]에 나타내었다.

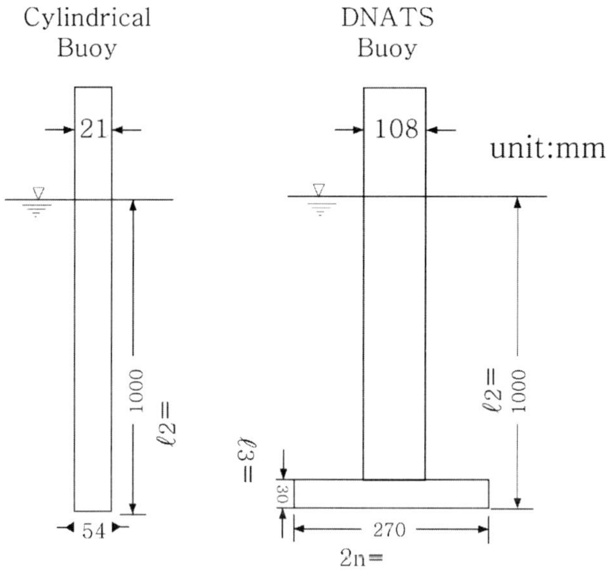

[그림 4-4] Spar Buoy 모형

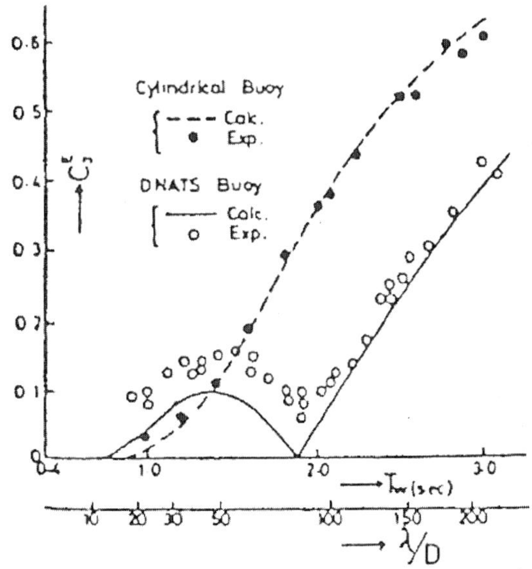

[그림 4-5] 상하요의 파강제력

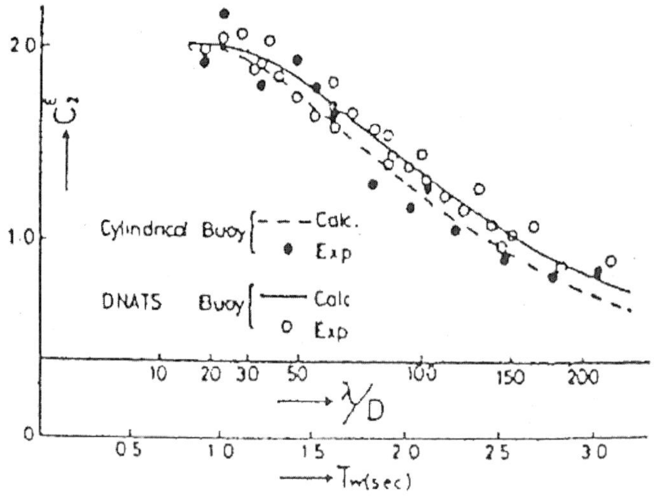

[그림 4-6] 수평방향의 파강제력

이곳에서 행한 파강제력의 근사계산법은 다음과 같다. 즉, Froude-Krilov Force와 파의 Obital Acceleration에 비례하는 힘만을 고려한다. Orbital Velocity에 비례하는 힘은 D_0/L이 작아 생략한다.

$$\text{상하방향의 힘 : } F_{ze} \fallingdotseq \overline{A_z} \bullet \overline{\ddot{\xi}_{wl}} \qquad (4.16)$$
$$\text{수평방향의 힘 : } F_{ye} \fallingdotseq \overline{A_y} \bullet \overline{\ddot{\eta}_{wl}}$$

Cylindrical Bouy에 대하여는

$$F_{ze} = \rho g \zeta_a \pi r_0^2 (1 - \frac{4kr_0}{3\pi}) e^{-kl_2} \cos\omega t \qquad (4.17)$$
$$F_{ye} = -2\rho g \zeta_a \pi r_0^2 (1 - e^{-kl_2}) \sin\omega t$$

DNATS Bouy에 대하여는

$$F_{ze} = \rho g \pi r_0^2 \xi_a [(1 - \frac{4kr_0}{3\pi}) e^{-kl_2} + (x^2 - 1) e^{-kl_2} - e^{-kl_2(1-\beta_3)} - \frac{4kr_0}{3\pi}(x^3 - 1) e^{-kl_2} + e^{-kl_2(1-\beta_3)}] \cos\omega t \quad (4.18)$$

단, $\beta_3 = \frac{l_3}{l_2}$, $x = \frac{r_1}{r_0}$

$$F_{ye} = -2\rho g \pi r_0^2 [1 - e^{-k(l_2 - l_3)} + x^2 e^{-k(l_2 - l_3)} - e^{kl_2}] \sin\omega t \quad (4.19)$$

실험과 계산결과를 비교하여 보면, 수평방향의 힘은 이와 같은 근사식으로 대체적으로 좋은 결과를 얻고 있다.(그림 4-4) [그림 4-5]의 Cylindrical Bouy의 F_{ze}의 근사계산은 실험치와 잘 일치하고 있다. 따라서 DNATS Bouy의 경우 (4.19)식에 의한 F_{ze}는 $T_w = 1.89$sec에 0이 되나, 실험값은 $T_w < 2.22$sec로 크게 되며, $T_w < 2.22$sec에서 잘 일치하고 있다. 그곳에서

$$F_{ze} = \rho g \pi r_0^2 \zeta_a (C_{3r}^E \cos\omega t + C_{3r}^E \sin\omega t) \quad (4.20)$$

라 놓고 실험 Data를 해석하였다. F_{ze}을 다음과 같이 분리한다.

$$\begin{aligned} F_{ze} &= F_z(F.K) + F_z(\ddot{\zeta}) + F_z(\dot{\zeta}) \\ &= F_{3r}^E + F_{3i}^E \\ F_{3r}^E(\text{질량력}) &= F_z(F.K) + F_z(\dot{\zeta}) \\ F_{3i}^E &= F_z(\dot{\zeta}) \end{aligned} \quad (4.21)$$

(4.5)식으로부터

$$
\begin{aligned}
F_{ze} &= Re\frac{i\rho g\zeta_a\widehat{A}_H}{k}e^{i(\varepsilon_H+\omega t)} \\
&=-\frac{\rho g\zeta_a\widehat{A}_H}{k}\sin(\varepsilon_H+\omega t) \\
F_{3r}^E &=-\frac{\rho g\zeta_a\widehat{A}_H}{k}\sin\varepsilon_H\cos\omega t \\
F_{3i}^E &=-\frac{\rho g\zeta_a\widehat{A}_H}{k}\cos\varepsilon_H\sin\omega t
\end{aligned}
\tag{4.22}
$$

이상의 힘을 반잠수원통에 대하여 계산한 결과를 그림에 나타내고 있다.

이상 앞의 (i), (ii), (iii)의 운동역학적 특징에 대하여 해석적 설명을 간단한 부체를 예로 들었으며 (i), (ii), (iii)의 특징이 있기 때문에 운동이 작다고 말할 수 있는 것은 아닌 것에 주의할 필요가 있다.

2. Column Stabilized의 역학적 의미

Column Stabilized Floating Structure라 불리는 [부록그림참조]과 같은 구조물은 Column으로 자유표면을 관통하고, 그 위에 작업갑판을 가진 구조물을 의미한다. 그러나 Mercier의 실험에서는 동조점 부근에서 $\frac{Z_a}{\zeta_a}$는 1.1이상의 값 또는 S.S.C.H에서도 $\frac{Z_a}{\zeta_a} \fallingdotseq 1.4$의 값이 되며 동조점의 운동은 작아지지 않는다. 앞에서 논한 것처럼 이와 같은 구조물은 $F_{ze}=0$이 되는 파 없는 주기가 존재함과 같이 일반적인 선박보다도 파강제력을 작게 하는 특징을 가지고 있다. 그러나 동조점에 있는 운동진폭은 $\frac{\zeta_a}{\widehat{A}_H}$에 비례하는 예를 들면 상하동요에 있어서는

$$\frac{Z_a}{\zeta_a} = \frac{1}{\widehat{A_H}} \tag{4.23}$$

이다. 즉, 동조점에서는 $\widehat{A_H}$가 작은 만큼, 즉 파강제력이 작은 만큼 운동진폭이 크다고 말하는 것이 된다. 특히 동조점에서 파 없는 조건이 성립하는 때에는 진폭은 무한대가 된다. 실제로는 점성저항이 있기 때문에 진폭은 유한하나, 감쇠력이 작으면 진폭은 매우 크게 된다. 그러나 동조점 이외에서 파 없는 것에 있다면 그 주기에서의 운동은 0이된다. 이상과 같이 동조점에서 파강제력이 작다고 말하는 것은 이 주기의 운동이 큰 것을 의미한다. (물론 점성을 고려하지 않음) 상하요에 대하여 4개의 Column Rig 하부에 Mat가 붙은 4개의 Column의 Rig, S.S.C.H 및 고속 Container Ship의 응답함수 $\frac{Z_a}{\zeta_a}$을 비교한 것을 [그림 4-8]에 나타내었다. 또한 Column Stabilized Floating Structure 의 고유주기가 선박 보다 긴 것을 알 수 있으며 $\frac{L(\text{파장})}{L_{pp}} < 7$ 에서 선박보다도 Column Stabilized Floating Structure (C.S.F.S)의 편이 응답함수는 작다. 그러나 동조점에 있어서 $\frac{Z_a}{\zeta_a}$는 선박의 응답함수와 같은 Order이거나 그 이상의 것을 알 수 있다. 이와 같이 동조점에 있어서 C.S.F.S의 운동은 선박보다도 작다고 말할 수 없기 때문에 다시 말해 크게 되는 경우도 있다. 그러나 고유주기가 길기 때문에 파장이 그다지 크지 않는 영역에서는 선박 운동에 비해 작다고 할 수 있다. 이와 같은 의미로 Stabilized에 있다고 말한다.

발생빈도가 많다고 말할 수 있는 해양파(주기 6-15초, L=60m-300m)에 대하여 통상선박보다 운동을 작게 하는 것이 가능하다.

이상의 관찰로부터 C.S.F.S의 설계에 있어서는 다음사항에 유의하여야 한다.

1) 고유주기를 길게 한다.
2) 설치해역에 있는 발생빈도의 많은 파장영역의 운동을 작게 한다.
3) 각 부재의 형상, 유체역학적 간섭효과를 고려하고, 파 없는 특성을 효과적으로 이용한다.

4) Long Swell에 대한 동조점의 응답, Rope Tension등에 대하여 안전성의 Check를 하여 놓는다.

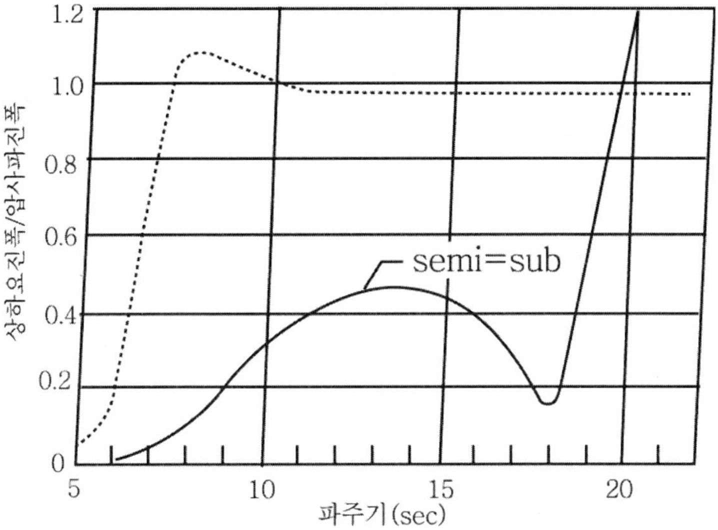

[그림4-7] 반잠수식 rig와 선형 rig의 상하요의 비교

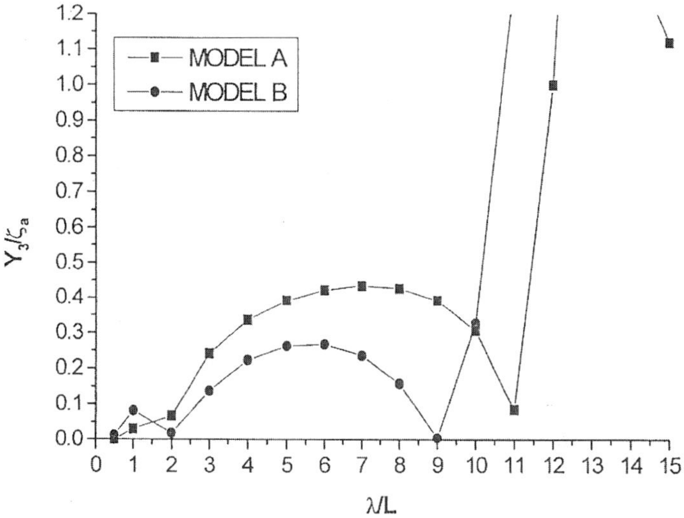

[그림4-8] Comparison of heave motion amplitude at even keel(90)

5장 고정구조물과 부유체구조물의 파력추정법

얕은 바다에 고정된 원통구조물 혹은 제방에 작용하는 파력에 관해서는 해안공학 분야에서 많은 연구가 행하여지고 있다. 이 경우 파력의 계산에는 다음 2가지 점이 고려되고 있다.

1. 규칙파에 대한 최대파력

[그림 5-1]에 나타낸 Pile등의 경우는 그림과 같은 진행파를, 제방체의 경우는 중복파를 고려하는 것이 보통이다. 예를 들면, 合田는 유한진폭파의 파항 정수면으로 부터의 높이를 η_C, 쇄파식입율 λ라 하고, $\lambda\eta_c$의 부분이 파가 부서지므로 $\lambda\eta_c$의 부분의 쇄파충격과 $\lambda\eta_c$ 이외의 부분에 있어서 주기적 변동압력의 최대치를 가하는 것에 의하여 최대 파력을 추정하는 방법을 나타내고 있다.

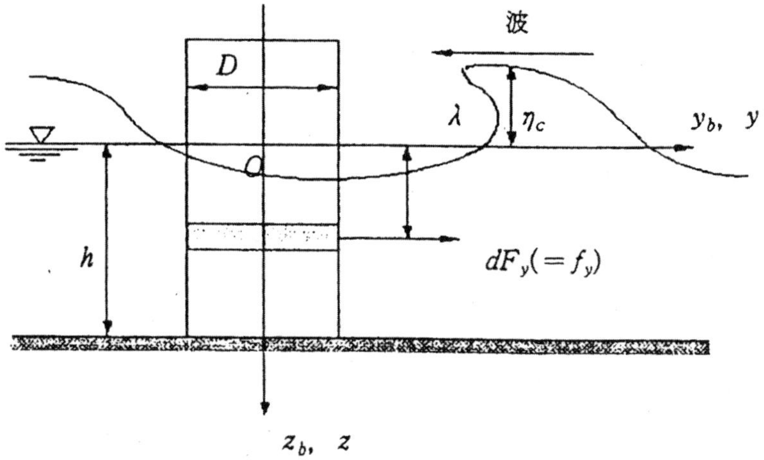

[그림 5-1] Pile에 작용하는 파력

[그림 5-1]은 깊이 h의 해저에 고정된 직원주의 Pile이다. z_b의 깊이의 단위길이 부분에 작용하는 파력(변동압력)은 Morison의 식에 의해 다음과 같이 표시되고 있다.

$$dF_y = dF_M + dF_D$$

$$dF_M = \rho C_M \ddot{y}_w A$$

$$dF_D = \frac{1}{2}\rho C_D D|\dot{y}_w|\dot{y}_w \tag{5.1}$$

단 A ; pile의 단면적 = $\dfrac{\pi D^2}{4}$, D ; 직경

C_D ; 항력계수 , C_M ; 질량력계수

원주의 부가질량계수	$\Delta\widehat{M}=1$
원주의 질량력계수	$C_M=2$

(5.1)식의 dF_M는 질량력, dF_D는 항력이라 부르고 있다.

천해파의 파력의 경우 $\dot{\eta}_w$등은 유한진폭파의 것을 이용하는 것이 통상이나, 여기에서는 미소진폭파로 설명한다.

2. 쇄파에 의한 충격력

천해파의 속도 potential은

$$\Phi=\frac{g\zeta_a}{w}\frac{\cosh k(h-z)}{\cosh kh}sin(ky+wt) \tag{5.2}$$

라 하며, 파진폭, 수평방향의 속도 및 가속도는 다음 식으로 표시된다.

$$\zeta_w=\frac{1}{g}\frac{\partial\Phi}{\partial t}=\zeta_a\frac{\cosh k(h-z)}{\cosh kh}cos(ky+wt) \tag{5.3}$$

$$\dot{\eta}_w=\frac{\partial\Phi}{\partial t}=w\zeta_a\frac{\cosh k(h-z)}{\cosh kh}cos(ky+wt) \tag{5.4}$$

$$\ddot{\eta}_w=\frac{\partial\dot{\eta}}{\partial t}=-w^2\zeta_a\frac{\cosh k(h-z)}{\sinh kh}sin(ky+wt) \tag{5.5}$$

pile의 중심선에서는 $y=0$라 놓고

$$\dot{\overline{\eta_w}} = w\zeta_a \frac{\cosh k(h-z)}{\sinh kh} cos wt \quad (5.6)$$

$$\ddot{\overline{\eta_w}} = -w^2\zeta_a \frac{\cosh k(h-z)}{\sinh kh} sin wt \quad (5.7)$$

$$단 \ \frac{w^2}{g} = k \tanh kh \quad (5.8)$$

가 된다. 다음에 위식의 최대 값을 이용하고, $C_D = 1.0$, $C_M = 2.0$라 가정하여 전 수심에 걸쳐 적분한 결과로부터 $((F_D)_{\max}, (F_M)_{\max}$의 어느 것이 탁월한 가 나타낸 것이 [그림 5-2]이다.

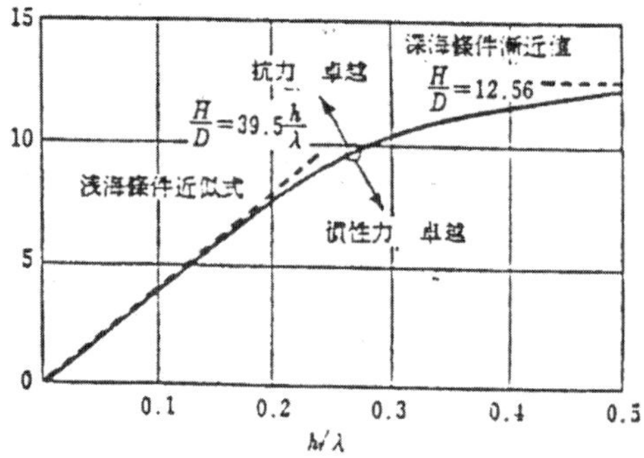

여기서 D ; 원주의 직격
h ; 수심
H ; 파고
L ; 파장

[그림 5-2] 원주에 작용하는 파강제력

(5.1)식을 이용하여 파력을 계산하기에는 파에 의한 수평유속 및 수평가속도를 정확(정도 높게)하게 구할 필요가 있다. 合田에 의하면 질량력의 계산에는 미소진폭파 이론에 의한 $\ddot{\overline{\eta_w}}$을 이용하여도 그다지 오차가 없으나 항력계산에 있어서는 유한진폭파 이론값을 이용하지 않으면 큰 오차가 생긴다. 이 경우 미소진폭파 이론을 수정하는 다음과 같은 실용식이 제안되어 있다.

$$\dot{\eta}_{w(\max)} = \sqrt{1+\alpha(\frac{H}{h})^{\frac{1}{2}} \cdot (\frac{h-z}{h})^3} \frac{\pi H}{T} \frac{\cosh k(h-z)}{\sinh kh} \quad (5.9)$$

(5.9)식의 $\sqrt{\ }$ 항이 비선형에 대한 수정계수이며 이는 (5.6)식과 비교하여보면 쉽게 알 수 있다. 여기서 α의 값은 h/L에 의하여 [표 5-1]서와 같이 나타낸다.

[표 5-1] 1 α와 h/L의 관계

h/L	α
0.03	1.50
0.05	1.50
0.07	1.43
0.10	1.25
0.14	0.97
0.20	0.68
0.30	0.49
0.50	0.35
0.70	0.27

(5.1)식의 제 1식은 질량항에 상당하는 것으로 즉 dF_M는 선체운동론에서 말하는 Froude-kilov Force와 Diffraction Force중의 가속도에 비례하는 성분과의 화이다. 이는 전절에서 논한 것처럼 등위상이기 때문에 정리하여 질량력이라 한 것이다.

그러나 해안공학분야에서는 $\dot{\eta}_w$에 비례하는 diffraction force는 보통 고려하지 않는다. 고려된다 하더라도 분리하여 표현하지 않는다.

이 수평속도 $\dot{\eta}_w$에 비례하는 힘은 파장 L에 비하여 물체의 치수 (표 5-1의 D)가 매우 작다면 생략할 수 있는 크기이다.

$$dF_y = f_{FK} + \overline{a_y}\,\overline{\ddot{\eta}_w} + \overline{b_y}\,\overline{\dot{\eta}_w} \fallingdotseq f_{FK} + \overline{a_y}\,\overline{\ddot{\eta}_w} = \overline{a_{y_0}}\,\overline{\ddot{\eta}_w} \tag{5.10}$$

이다. 따라서 원주의 경우는 $f_{FK} \fallingdotseq a_y \overline{\ddot{\eta}_w}$가 되며 질량력계수 $C_M = 2$이다. 단 단면형상이 변하면 C_M도 달라진다. 다음에 (5.1)식의 제2항은 상대속도를 고려하여

$$f_{yv} = C_D k_{yv} \left|\overline{\dot{\eta}_w} - \dot{y}_1\right| (\overline{\dot{y}_w} - \dot{y}_1) \tag{5.11}$$

에서 $\dot{y}_1 = 0$ 즉 물체의 운동을 구속한 때의 것과 같다. 선체운동역학에서 잘 이용되고 있는 심해파의 경우 원주에 작용하는 항력과 질량력의 비는

$$\frac{dF_D}{dF_M} \fallingdotseq \frac{C_D \cdot H}{C_M \pi D} e^{-kz_b} \tag{5.12}$$

가 된다. 단 $k = \frac{w^2}{g}$, $H = 2\zeta_a$

여기서 $C_D = 1.0$라 하면 수면 부근에서

$$\frac{dF_D}{dF_M} = \frac{1 \cdot H}{2 \cdot 3.14 \cdot D} = 0.16 \frac{H}{D} \tag{5.13}$$

한편 배의 경우에 있어서는 $C_B = 0.70$ 배의 파강제력 계산값 F_E(횡파상태)를 이용하면

$$\frac{L}{B} > 15 \text{ 에서 } \frac{F_D}{F_M} \fallingdotseq \frac{F_D}{F_E} \fallingdotseq 0.1\frac{H}{D}$$
$$\frac{L}{B} > 8 \text{ 에서 } \frac{F_D}{F_M} \fallingdotseq 0.2\frac{H}{B}$$

(5.14)

예를 들면 $L_{PP} = 175m$, $B = 25.7m$의 container가 횡파상태에 있는 경우 (5.14)식을 이용하면

$$L > 380m \quad ; \quad \frac{F_D}{F_E} \fallingdotseq \frac{H(m)}{257}$$
$$L > 200m \quad ; \quad \frac{F_D}{F_E} \fallingdotseq \frac{H(m)}{130}$$

따라서 $H = 10m$이어도 F_D는 F_E의 10%이하이다.

대형선의 경우에 파고 H에 비하여 선폭 B가 크기 때문에 F_E에 비하여 작고 2차 order의 힘이 된다. 소형선의 경우는 B가 작기 때문에 F_D의 힘은 고려되어야 할 것이다. 또한 光易에 의하면 심해파의 유한진폭파에서는 표면파형 ζ_w는 고주파 성분을 포함하여도 변함없이 속도 potential Φ와 압력 P 및 P와 물입자속도의 기본주파수 성분의 진폭자체는 미소진폭파 이론에 의한 것과의 차가 매우 작다.

이상의 것을 생각하여도 대형선에는 F_D를 생략하여도 좋은 것이다. 배가 횡파중에 자유로이 떠 있는 경우 좌우요 변위는 L/B가 큰 경우 대략

$$y \fallingdotseq \xi_a e^{-\frac{kT}{2}} \sin\omega t \tag{5.15}$$

단, T ; 흘수

따라서 (5.11)식의 상대속도는 횡요를 생략하면

$$\dot{y}_1 - \overline{\dot{\eta}_w} = \dot{y} - \overline{\dot{\eta}_w}$$

이며 (5.15)식으로부터 그 값은 매우 작게 된다. 즉 Free floating의 부유체에 있어서는 횡요운동이 작은 때는 무시할 수 있는 order이다.

한편 cable에 의하여 평규위치를 구속하고 있는 경우는 $C_{yy}y$와 같은 복원력이 작용하기 때문에 수평운동에도 동조점을 일으킨다.

이 동조점에서는

$$y = -\xi_a \mu e^{-\frac{kT}{2}} \cos\omega t \tag{5.16}$$

$$\dot{y} = -\omega\xi_a \mu e^{-\frac{kT}{2}} \sin\omega t$$

단 μ ; 응답함수

응답함수 $\mu > 1$에서는 $\dot{y}$와 $\dot{\eta}_w$와는 위상이 90° 다르기 때문에 (5.11)식의 힘은 무시할 수 없게 된다.

이상과 같이 선체 운동의 경우는 $F_E > F_D$에 있으므로 기본 진동수의 외력 F_E에 의한 운동이 주이며 항력에 의한 고차(高次)의 운동은 작기 때문에 이를 생략하고 있다. 또한 조파감쇠력($\overline{b_y} \cdot \dot{y}$등)이 작은 mode의 운동에 있어서는 (예를 들면 배의 횡요, Spar buoy의 상하요, Cable에서 위치를 구속시킨 때의 좌우요) (5.11)식의 항력을 고려할 필요가 있다.

쇄파 충격력을 F_I라 한다면 dF와 F_I의 분포를 고려하여 Pile의 강도계산을 하는 것이 가능하다.

고정물체에 대한 해안공학의 파력계산법과 부유구조물에 대한 부유체운동역학의 차이점을 정리하면 다음과 같다.

1) 고정구조물(Shallow Sea) - 해안공학

(1) 쇄파되지 않은 파력과 쇄파부분의 충격력파를 고려한다.
(2) 유한진폭파를 이용한다.
(3) 파입자의 속도에 비례하는 힘은 고려하지 않는다.
(4) 파입자의 속도의 자승에 비례하는 항력을 고려한다.
(5) 이상의 힘의 최대값을 설계외력으로 한다.

2) 부유구조물 - 부유체운동역학

(1) 일반적으로 쇄파되지 않은 파력만을 고려한다.
(2) 미소진폭파를 이용한다.
(3) 파입자속도에 비례하는 힘을 포함한다.
(4) 파입자속도의 자승에 비례하는 힘은 보통 고려하지 않는다.
(5) Radiation force, 점성감쇠력등을 도입하여 운동방정식을 푼다.
(6) (5)의 결과를 이용하여 강도계산을 한다.

고정구조물을 취급하는 해안공학에서는 비선형력, 충격력 등 고려하려하는 힘은 전부 고려하여 최대의 파력을 구하려 하고 있다. 한편 선체운동역학에서는 먼저 운동의 대략을 알기 위하여 기본주파수의 파강제력만을 고려, 고차의 작은 힘의 항은 생략한다. 파입자속도에 비례하는 힘을 생략하면 radiation force의 감쇠력을 생략하는 형이 되므로 이 감쇠력이 큰 mode의 운동에 대하여는 오차가 있는 추정이 된다. 따라서 선체운동역학에서는 potential 흐름으로써 선형의 경계치문제를 풀어서 얻은 파력을 그 기초로 하는 것이다.

그러나 radiation force속에 감쇠력의 항이 매우 작은 경우 선체의 운동은 점성감쇠력에 의하여 크게 지배된다. 앞 절에서도 나타낸 것처럼 항력계수 C_D가 Reynolds수에 의하여 변하는 것을 알 수 있다.

이상 취급물체의 해역, 파장에 대한 물체 치수비 및 구속상태가 다르기 때문에 파력, 유체력의 추정 point가 다른 것이다.

마지막으로 근년 발생한 Voribararu, Califonia maru의 조난 침몰사고에 의하여 상상되는 것처럼 배의 Local손상이 발생하고, 그것으로 인하여 배의 전몰사고를 일으키는 것이 혹시 있다면 부유체운동에 의한 유체력과 이보다는 운동은 작아도 국부 충격력이 크게 되는 경우가 있을지도 모른다.

해안공학의 연구방법을 크게 취급하여, 선박을 시작으로 부유구조물에 대한 충격파력의 연구가 촉진될 것이다.

6장
불규칙 파중의 부체

전절까지 규칙파의 운동응답함수를 구하는 방법을 설명하였다.

본장에서는 전장까지의 주파응답함수를 이용하여 불규칙파중 있어서의 유의파고 혹은 평균운동주기를 구하는 방법에 대하여 설명한다. 본 방법의 가정은 파랑중의 운동진폭 및 파진폭은 파장에 비하여 미소하며 파동원리가 성립하는 것으로 생각한다. 불규칙 파 중의 하중 추성 방법은 본 교재에서는 자세히 언급하지 않았으며 프로그램 확장시 언급하기로 한다.

1. 불규칙파의 Spectral

해양파에서 논한 것처럼 불규칙한 해면을 기술하는 Spectral은 여러 종류의 것이 있다. 본절에서는 Pierson-Moskowitz형의 Spectral을 이용하는 것으로 한다.

$$S_{\xi\zeta}(w) = \frac{8.10\times 10^{-3} g^2}{w^5} e^{-0.74\left(\frac{g}{U_w}\right)^4} \tag{6.1}$$

단, U : 해면상 19.5 m의 풍속

U=10m/sec, 20m/sec 인 때의 Spectral를 [그림 6-1]에 나타내었다.

그림으로부터 알 수 있듯이 풍속이 크게 되면 Spectral 밀도가 크게 되어있는 것을 알 수 있다.

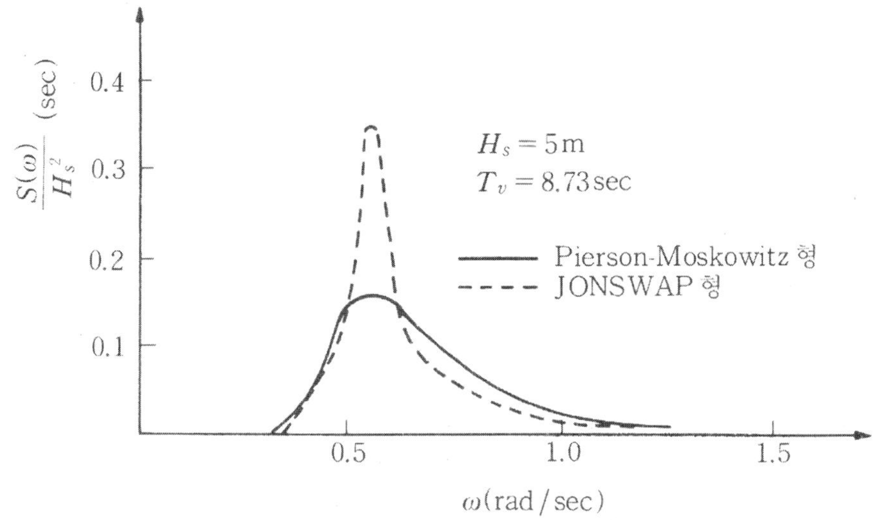

[그림 6-1] 파 스펙트럼의 비교

여기서 Pierson-Moskowitz의 Spectral이 (6.1)식으로 주어지면, 그 원점에 있어서의 n차의 Momemt는

$$m_n = \int_0^\infty S_{\xi\xi}(w) \cdot w dw = \frac{A}{4}\Gamma(\frac{4-n}{4})/B^{(\frac{4-n}{4})} \tag{6.2}$$

단, $A = 8.10 \times 10^{-3} g^2 (m^2/\text{sec}^4)$

$B = 0.74 g^4 U^{-4} (\text{sec}^{-4})$

이 관계를 이용하면 Pierson-Moskowitz Spectral에 있어서 종류별의 특성값을

구할 수 있다.

$$\text{분 산}: \sigma = \sqrt{m_0} = 0.005337\,U^2$$

$$\text{유의파고}: H_{1/3} \fallingdotseq 4\sqrt{m_0} = 0.021348\,U^2$$

$$\text{평균주기}: T_2 = 2\pi\sqrt{\frac{m_0}{m_2}}\,\frac{\pi}{g}\,U = 0.05192\,U^2 \tag{6.3}$$

따라서 U=10, 20, 30 m/sec에 대하여 다음 표와 같은 값이 얻어진다.

[표 6-1] 풍속 및 유의파고

풍속(m/sec)	$H_{1/3}(m)$	$H_{1/10} = 5.1\sqrt{m_0}$	$T_2(\mathrm{sec})$
10	2.31	2.72	5.192
20	8.54	10.89	10.384
30	19.22	24.50	15.576

2. 동요진폭의 Spectral과 유의진폭

전 절에서 구한 파 Spectra를 이용하여, 동요진폭을 구하면 다음 식으로 표시된다.

$$\begin{aligned} m_{z_0} &= \int_0^\infty S_{\xi\xi}(w)\left(\frac{z_a(w)}{\xi_a(w)}\right)^2 dw \\ &= \int_0^\infty S_{\xi\xi}(w) H_{z\xi}^2(w)\,dw \end{aligned} \tag{6.4}$$

(6.4)식에 있는 $H_{z\xi}^2 = \dfrac{z_a(w)}{\xi_a(w)}$ 는 상하요응답함수이다. 그림6-2에 계류된 DANTS Buoy의 상하요응답함수를 나타낸다.

또한 [그림 6-2]에 상하요 진폭 Spectral

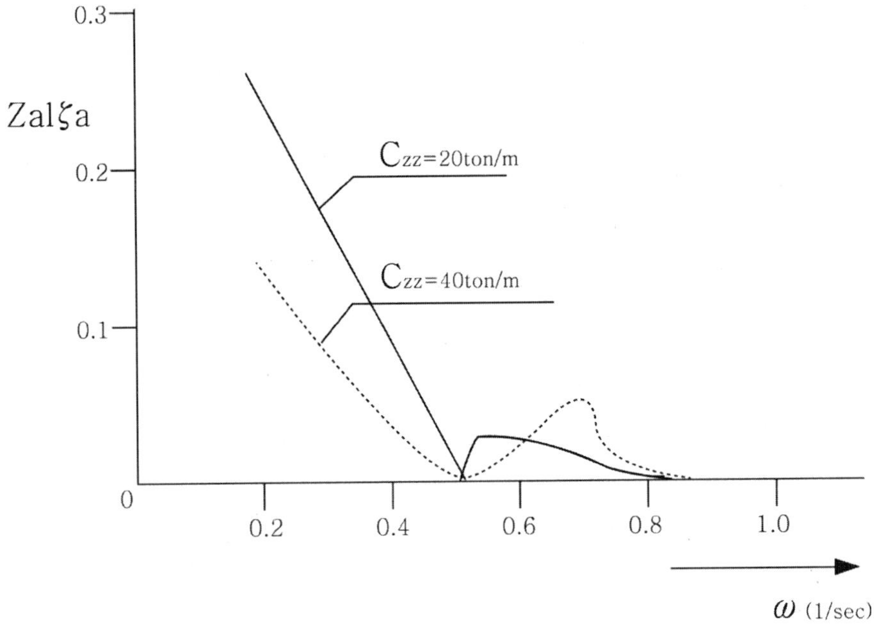

[그림 6-2] DANTS Buoy의 상하요응답함수

$$S_{zz} = S_{\xi\xi}(w)H^2_{z\xi}(w) \tag{6.5}$$

을 나타낸다.

이로부터 유의진폭 및 1/10최대진폭을 구하면

$$\text{유의진폭} : Z_{a\frac{1}{3}} = 2\sqrt{m_{z_0}} \tag{6.6}$$

$$\text{1/10최대진폭} : Z_{a\frac{1}{10}} = 2.55\sqrt{m_{z_0}} \tag{6.7}$$

(6.6), (6.7)식으로부터 $Z_{a\frac{1}{3}}, Z_{a\frac{1}{10}}$을 구하면 다음 값이 얻어진다.

[표 6-2] 유의진폭 Spring 정수

Spring 정수 (Ton/m)	$Z_{a\frac{1}{3}}$	$Z_{a\frac{1}{10}}$
20	0.302	0.386
40	0.143	0.183

3. 설계 Spectrum 법

현재 부유식 해양구조물의 설계방법의 하나로 설계 Spectrum법이 있다. 이것은 전절에서 론한 방법과 같은 것이나 파 Spectral을 구하는 때에 구조물의 설치해역에 있는 장기파랑통계로부터 최대파를 구해(유의파), 그것에 대응하는 유의파고와 파주기를 가진 파 Spectral을 “Design Spectrum"으로써, 이것에 주파수응답함수를 중합시켜 응답의 Energy-Spectral을 구해 그 면적으로부터 응답의 최대기대치를 추정하는 방법이다.

응답의 극대치 확률분포로써는 통상 Rayleigh 분포가 이용되고 있다. 이 방법의 특징은 선형이론의 범위 내에서 규칙응답의 추정법으로 일관성이 있다. 그러나 비선형 현상을 직접 취급하는 것은 곤란하며, 이를 어떤 방법으로든 근사시켜 선형화 할 필요가 있다.

7 장
3차원 경계요소법에 의한 부유체에 작용하는 유체력 및 하중

1. Potential Theory

1) 좌표계 및 기본가정

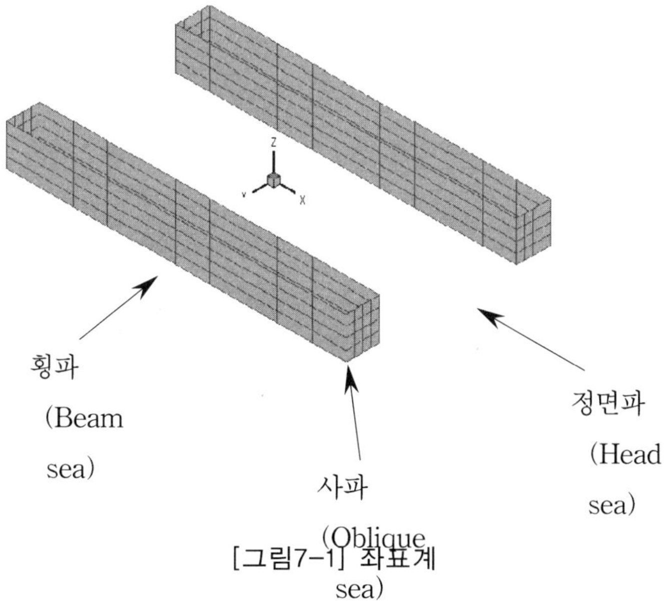

[그림7-1] 좌표계

좌표계는 [그림 7-1]에 표시한 것과 같이 $x-y$평면을 정지수면으로 하고 연직상방을 양의 z축으로 하는 직교좌표계를 사용한다.

유체는 비압축성, 비점성이고 유동은 비회전성인 이상유체이고, 자유표면의 파고 및 부체에 의한 유체교란은 미소하며 유체영역은 무한하다고 가정한다. 또한 입사파는 주기운동을 하며 x축에 대하여 α의 각도로 입사되고 있다고 생각한다.

2) 경계조건 및 지배방정식

선체가 x 축의 양의방향으로부터 입사하는 파에 의하여 선체가 동요원진동수 ω 로 조화운동하고 있을 경우 유동장은 속도 포텐셜(Φ)로 나타낼 수 있으며 입사파의 속도 포텐셜을 Φ_0, 산란파의 속도 포텐셜을 Φ_7, 방사파의 속도 포텐셜을 Φ_R 그리고 유장의 전체 속도 포텐셜을 Φ 라 하면

$$\Phi_0 = Re[\phi_0 e^{i\omega t}]$$

$$\Phi_7 = Re[\phi_7 e^{i\omega t}]$$

$$\Phi_R = Re[\phi_R e^{i\omega t}]$$

$$\Phi = Re[\phi e^{i\omega t}] \tag{7.1}$$

ϕ 를 시간 항을 제외한 속도 포텐셜이라고 하면 다음과 같이 나타낼 수 있다.

$$\phi = \phi_0 + \phi_7 + i\omega \sum_{j=1}^{6} Y_j \psi_j \tag{7.2}$$

여기서,

$$\phi_0 = -\frac{ig\zeta_a}{\omega} e^{Kz + iK(x\cos a + u\sin a)}$$

a : 파 입사각

g : 중력 가속도

ω : 원 진동수

ζ_a : 파의 진폭

K : 파수 $(=\dfrac{\omega^2}{g})$

Y_j : 선체의 운동진폭 $(j=1,2,\cdots,6)$

ϕ_0 : 입사파 속도 포텐셜

ϕ_7 : 산란파 속도 포텐셜

ψ_j : j방향의 단위 진폭 운동에 의한 방사파

속도 포텐셜 $(j=1,2,\cdots,6)$

속도 포텐셜ϕ 은 3장에서 논한 선형자유표면조건, 바닥경계조건, 방사경계조건, 물체표면조건을 만족하는 Laplace 방정식을 만족해야 한다.

이상의 경계조건식을 만족하는 Laplace 방정식의 해를 파랑 그린함수(Green function) $G(P, Q)$라 놓으면 속도 포텐셜 $\phi(P)$는 다음과 같이 표시된다.

$$\phi(P)=\iint_s \sigma(Q)\, G(P,Q)\, ds\,(Q) \tag{7.3}$$

여기서 $P(x,y,z)$는 유체중의 임의의 점이며, $Q(x',y',z')$는 선체표면 S상에 분포시킨 점이다. 또한 $\sigma(Q)$는 선체표면 S 상에 분포시킨 소스세기(Source strength)이다.

(7.3)식의 소스세기$\sigma(Q)$를 구하기 위하여 선체표면조건식을 이용하면, 즉 (7.3)식에서 양변을 선체표면 S 의 법선방향으로 미분하고 점P를 선체표면 S 상의 점Q 에 접근시키면 $\sigma(Q)$가 미지수인 다음의 적분방정식이 유도된다.

$$\frac{\partial\phi(P)}{\partial n}=-2\pi\sigma(P)+\iint_s \sigma(Q)\frac{\partial}{\partial n}G(P,Q)\, ds\,(Q) \tag{7.4}$$

(7.4)식에서 점 $P(x,y,z)$와 점 $Q(x',y',z')$는 선체표면 S 상의 점이다.

적분은 선체표면 S에 대하여 적용된다. 따라서 (7.4)식에서 구한 $\sigma(Q)$를 (7.3)식에 대입하면 속도 포텐셜 $\phi(P)$가 구하여진다.

한편, 그린 함수는 무한수심의 경우

$$G(P,Q) = \frac{1}{r} + \frac{1}{r'} + 2K \oint_0^{\infty} \frac{e^{k(z+z')} J_0(kR)}{k-K} dk + i\,2\pi K e^{K(z+z')} J_0(KR) \tag{7.5}$$

또는

$$G(P,Q) = \frac{1}{r} + \frac{1}{r'} - \pi K e^{K(z+z')} \{H_0(KR) + Y_0(KR)\} - 2K e^{K(z+z')} \int_0^{z+z'} \frac{e^{-K\xi}}{\sqrt{\xi^2 + R^2}} d\xi + i\,2\pi K e^{K(z+z')} J_0(KR) \tag{7.6}$$

여기서

$$r = \sqrt{(x-x')^2 + (y-y')^2 + (z-z')^2}$$

$$r' = \sqrt{(x-x')^2 + (y-y')^2 + (z+z')^2}$$

$$R' = \sqrt{(x-x')^2 + (y-y')^2}$$

K : 파수 (Wave number)

J_0 : 0차의 제 1종 Bessel function

Y_0 : 0차의 제 2종 Bessel function

H_0 : 0차의 Struve function

3) 유체력 계수

(1) 부가질량 및 조파감쇠계수

선체가 i 모드(Mode)의 운동을 하고 있을 때 단위진폭 속도 포텐셜을 $\psi_j\,(j = 1, 2, \sim, 6)$ 라 하면 j 방향의 부가질량 A_{ij}와 조파감쇠계수 B_{ij}는 다음 식으로부터 구하여진다.

$$A_{ij} = -\rho Re\left[\iint_s \psi_j n_i ds\right] \tag{7.7}$$

$$B_{ij} = \rho\omega Im\left[\iint_s \psi_j n_i ds\right] \tag{7.8}$$

여기서

ρ : 유체의 밀도
$Re[\,], \mathrm{Im}[\,]$: 복소수의 실수부와 허수부

그리고 n_i는

$$\begin{vmatrix} n_1 \\ n_2 \\ n_3 \end{vmatrix} = \boldsymbol{n}, \qquad \begin{vmatrix} n_4 \\ n_5 \\ n_6 \end{vmatrix} = \boldsymbol{r} \times \boldsymbol{n}, \tag{7.9}$$

n : 부체표면에서의 외향 단위법선벡터
r : 부체중심에서의 물체표면상의 임의의 점에 대한 위치벡터
n_i : i 방향에서의 방향 여현

$(i = 1,2,\cdots,6$: Surge, Sway, Heave, Roll, Pitch, Yaw)

계산 값들은 다음과 같이 무차원화 하였다.

$$\widehat{A_{ij}} = \frac{A_{ij}}{\rho \nabla} \qquad (i,j = 1,2,3)$$

$$\widehat{A_{ij}} = \frac{A_{ij}}{\rho \nabla L^2} \qquad (i,j = 4,5,6)$$

(7.10)

(2) 조파 감쇠계수 (Damping coefficient)

$$\widehat{B_{ij}} = \frac{B_{ij}}{\rho \omega \nabla} \qquad (i,j = 1,2,3)$$

$$\widehat{B_{ij}} = \frac{B_{ij}}{\rho \omega \nabla L^2} \qquad (i,j = 4,5,6)$$

(7.11)

4) 파 강제력

규칙파 중에서 부체가 고정되어 있을 때 반사파의 속도 포텐셜, 즉 산란파 속도 포텐셜을 ϕ_7이라 하면 ϕ_7은 물체표면조건 식에서

$$\frac{\partial \phi_7}{\partial n} = -\frac{\partial \phi_0}{\partial n}$$

의 해이고, 입사파의 속도 포텐셜 ϕ_0는 다음 식으로 표시된다.

$$\phi_0 e^{i\omega t} = -\frac{i\omega\zeta_a}{K} e^{Kz + iK(x\cos\alpha + y\sin\alpha) + i\omega t}$$

$$= -\frac{i\omega\zeta_a}{K}\psi_0 e^{iwt}$$

(7.12)

여기서

ζ_a : 파 진폭

α : 파 입사각

ψ_0 : $e^{Kz + iK(x\cos\alpha + y\sin\alpha)}$

K : 파수(Wave number)

산란파 속도 포텐셜 ϕ_7이 구해지면 파 강제력은

$$F_{7j} = i\omega\rho\iint(\phi_0 + \phi_7)n_j ds$$

$$= \rho g\zeta_a\iint(\psi_0 + \psi_7)n_j ds$$

(7.13)

본 연구에서는 파 강제력을 구하기 위하여 방사문제(Radiation problem) 와 산란문제(Diffraction problem)에 관한 Haskind - Newman의 관계를 이용하였다.

따라서 방사파 속도 포텐셜ψ_j을 이용하면, ψ_7은 Green의 정리를 이용하고, 선형 자유표면조건 (7.7)식 및 무한 원방에서의 방사조건 (7.6)식을 고려하면 다음 식을 얻는다.

$$\iint\left(\psi_7\frac{\partial\psi_j}{\partial n} - \psi_j\frac{\partial\psi_7}{\partial n}\right)ds = 0 \quad (7.14)$$

(7.14)식을 이용하고, Haskind - Newman의 관계를 적용하면 파 강제력 (7.15)식은 다음과 같이 표시된다.

$$F_{7j} = \rho\, g\, \zeta_a \iint \left(\psi_0 \frac{\partial \psi_j}{\partial n} - \psi_j \frac{\partial \psi_0}{\partial n} \right) ds \tag{7.15}$$

따라서 방사파 속도 포텐셜이 얻어지면 본 관계식을 이용하여 파 강제력을 구할 수 있다.

한편, 3차원 Kochin 함수를

$$\begin{aligned} H_j(K,\alpha) &= \iint \left(\frac{\partial \psi_j}{\partial n} - \psi_j \frac{\partial}{\partial n} \right) e^{Kz + iK(x'\cos\alpha + y'\sin\alpha)}\, ds \\ &= \iint \left(\psi_0 \frac{\partial \psi_j}{\partial n} - \psi_j \frac{\partial \psi_0}{\partial n} \right) ds \end{aligned} \tag{7.16}$$

도입하여 (7.15)식을 정리하면

$$F_{7j} = \rho g \zeta_a H_j(K,\alpha) \quad (j = 1,2,\cdots,6) \tag{7.17}$$

으로 나타낼 수 있다.

계산 값들은 다음과 같이 무차원화 하였다.

$$\begin{aligned} \hat{F}_{ij} &= \frac{F_{ij}}{\rho g L^2 \zeta_a} \qquad (i,j = 1,2,3) \\ \hat{F}_{ij} &= \frac{F_{ij}}{\rho g L^3 \zeta_a} \qquad (i,j = 4,5,6) \end{aligned} \tag{7.18}$$

2. 운동방정식

파랑 중 부체의 6자유도 선형운동방정식은 일반적으로 다음과 같다.

$$[d_{ij}][Y_j] = [F_i(t)] \qquad (j = 1,2,\cdots,6) \tag{7.19}$$

여기서

$$d_{ij} = (m_{ij} + M_{ij})\frac{d^2}{dt^2} + N_{ij}\frac{d}{dt} + K_{ij}$$

m_{ij} : 부체의 질량 및 관성모멘트

M_{ij} : 부체의 부가질량 및 부가 관성모멘트

N_{ij} : 조파감쇠계수

K_{ij} : 복원력계수

$F_j(t)$: 파 강제력 $(i, j = 1,2,\cdots,6)$

을 각각 의미하고, 다음과 같이 무차원화 하였다.

$$\hat{Y}_{ij} = \frac{Y_j}{\zeta_a} \qquad (i,j = 1,2,3)$$

$$\hat{Y}_{ij} = \frac{Y_j}{K\zeta_a} \qquad (i,j = 4,5,6)$$

(7.20)

8 장
경계요소법에 의한 유체력 및 하중 계산 프로그램

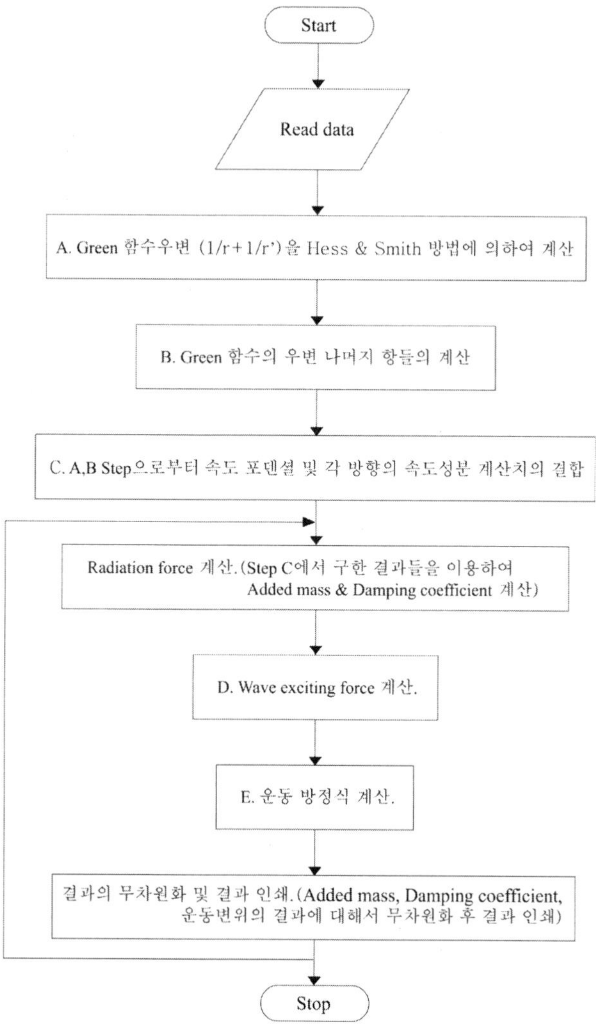

프로그램

```
C      Cal. of Motion analysis, Wave Load, Hydrodynamics and Drift Forces

C      By Three Dimentional Method

C      By R.S.Park

C        Main program
         IMPLICIT COMPLEX (H)
         COMPLEX W
         PARAMETER (ND=700)
         PARAMETER (MMD=700)
         COMMON       / RSO    / KHBS,KDR,M,NN,IKK
         COMMON       / RS1    / AL,B,DEP,GRVT,ROW,PAGO,PAI,DISP,IELM
         COMMON       / RS2    / X(MMD),Y(MMD),Z(MMD),KAKOM(MMD,4)
         COMMON       / RS3    / R31(ND),R32(ND),R33(ND)
         COMMON       / RS4    / XG(ND),YG(ND),ZG(ND),A(ND)
         COMMON       / RS5    / ROLL(ND),PITH(ND),YAW(ND)
         COMMON       / RS6    / HXXA(ND,ND),HXPA(ND,ND)
         COMMON       / RS61   / HXXE(ND,ND),HXPE(ND,ND)
         COMMON       / RS611  / HMAT1(ND,ND),HSOL1(ND,ND)
         COMMON       / RS8    / HPSU(ND),HPSW(ND),HPSH(ND),HPSR(ND),
     &                            HPSP(ND),HPYW(ND)
         COMMON       / RS9    /
HEXSU(ND),HEXSW(ND),HEXHV(ND),HEXRO(ND),
     &                            HEXPH(ND),HEXYW(ND)
         COMMON       / RS10   / HDOF(ND),HDOP(ND)
         COMMON       / RS11   / HEP(ND),HEXYZ(ND)
         COMMON       / RS117  / HEP7(ND),HEXYZ7(ND)
         COMMON       / RS12   / HTCC(ND),HPO(ND)
         COMMON       / RS121  /
HTCC1(ND),HTCC2(ND),HTCC3(ND),HTCC4(ND),
     &                            HTCC5(ND),HTCC6(ND),HTCC7(ND)
         COMMON       / RS14   / IP(ND),W(ND)
         COMMON       / RS15   / ZZ,CK,SIG
```

```
      COMMON       / RS16  / HEF1,HEF2,HEF3,HEF4,HEF5,HEF6
      COMMON       / RS17  / HPD(ND),HAMP(6),AMP(6)
      COMMON       / RS21  / AD11,AD22,AD33,AD44,AD55,AD66
      COMMON       / RS22  / DA11,DA22,DA33,DA44,DA55,DA66
      COMMON       / RS23  / AD13,AD15,AD24,AD26,AD35,AD46
      COMMON       / RS24  / DA13,DA15,DA24,DA26,DA35,DA46
      COMMON       / RS40  / DA31,DA51,AD31,AD51,AD53,DA53
      COMMON       / RS45  / AD23,DA23,AD34,DA34
      COMMON       / RSC   /
HCSU(ND),HCSW(ND),HCSH(ND),HCSR(ND),HCSP(ND),
   &                       HCYW(ND)
      COMMON       / RS50  / KO
      COMMON       / RS36  / ALPHA
      COMMON       / ROK0  / KOR
      COMMON       / ROK2  / HBMP(6)
      COMMON       / ANGL  / ANGLE
      COMMON       / RS70  / HPYWD(ND)
      COMMON       / RS717 /
HEDF1(ND),HEDF2(ND),HEDF3(ND),HEDF4(ND),
   &                       HEDF5(ND),HEDF6(ND)
      COMMON       / RS72  /
HWE1(ND),HWE2(ND),HWE3(ND),HWE4(ND),
   &                       HWE5(ND),HWE6(ND)
      COMMON       / GEOM  /
DIAM,AWP,DRAFT,VCG,XLG,TCG,GML,GMT,
   &                       GI4,GI5,GI6,DH,OZ
      COMMON       / BS1   / GTCC21(ND),GTCC22(ND)
      COMMON       / BS2   /
GEXX1(ND),GEXX2(ND),GFXX1(ND),GFXX2(ND)
      COMMON       / BS3   / CAP(ND),CBP(ND),CAM(ND),CBM(ND)
      COMMON       / SD    / F11,F22,F33,F44,F55,F66
      DIMENSION CKL(100)
C

      OPEN(5, FILE='offsetsa.dat',STATUS='old')
      OPEN(6, FILE='offsetsa_rf.out',STATUS='UNKNOWN')
c     OPEN(7, FILE='offset1DRIFT.OUT',STATUS='UNKNOWN')
```

```
c         OPEN(8, FILE='offset1EQ.OUT',STATUS='UNKNOWN')
c         OPEN(9, FILE='offset1SOPA.OUT',STATUS='UNKNOWN')
c
c
          PAI=3.141593
          GRVT=9.81
          ROW=102.04
C        PRINCIPLE DATA
          IKO=2
          CALL INPUT1(CKL,IKO)
          CALL SMITH
C        IKO=2 => Wave lenth/B
C        IKO=1 => wave number
          IF (IKO.EQ.3)GO TO 23
C
          DO 1000 KO=1,3
          IF (KO.GE.2) GO TO 500
          CALL GREEN
          CALL CALA
          CALL CAL1
          CALL CAL2
          CALL CAL3
          CALL CAL4
          CALL CAL5
          CALL CAL6
          CALL RADIF
C
500       DO  250 KB=1,M
          IF(IKO.EQ.2) GO TO 501
          CKD=CKL(KB)
          CK=CKD/DIAM
          ALG=CKD*B
          CK=2.0*PAI/ALG
          SIG=SQRT(CK*GRVT)
          T=2.0*PAI/SIG
          RBL=ALG/AL
          RBB=ALG/B
```

```
        go to 502
C
  501   T=CKL(KB)
        SIG=2.0*PAI/T
        CK=SIG*SIG/GRVT
        ALG=2.0*PAI/CK
        RBL=ALG/AL
        RBB=ALG/B
502     WRITE(6,140) T,RBB,SIG,CK
140     FORMAT(/,10X,'TW =',F9.6,2X,'RAMDA/B =',F9.6,2X,'OMEGA =',F9.6,
     .      2X,'WAVE NO =',F9.6)
C
        IF (KO.EQ.1) GO TO 520
        CALL      GREEN
        CALL      CALA
        CALL      CAL1
        CALL      CAL2
        CALL      CAL3
        CALL      CAL4
        CALL      CAL5
        CALL      CAL6
 3011   CALL      RADIF
  520   DO 600 IIO=1,3
        ALPHA=(IIO-1)*45.
        CALL    CAL7
        CALL    EXFOR1(ALPHA,T)
        CALL    EQTION
        CALL    DRIFT
  600   CONTINUE
  250   CONTINUE
 1000   CONTINUE
   23   STOP
        END
C
        SUBROUTINE            INPUT1(CKL,IKO)
C     'ND' => node number 'NMD' =>        mesh number
        PARAMETER (ND=700)
```

```
      PARAMETER (MMD=700)
      COMMON        / RS0   / KHBS,KDR,M,NN,IKK
      COMMON        / RS1   / AL,B,DEP,GRVT,ROW,PAGO,PAI,DISP,IELM
      COMMON        / RS2   / X(MMD),Y(MMD),Z(MMD),KAKOM(MMD,4)
      COMMON        / RS15  / ZZ,CK,SIG
      COMMON        / ROKO  / KOR
      COMMON        / ANGL  / ANGLE
      COMMON        / GEOM  /
DIAM,AWP,DRAFT,VCG,XLG,TCG,GML,GMT,
     1                                 GI4,GI5,GI6,DH,OZ
C
      DIMENSION CKL(100)
      READ(5,*) KHBS,KDR,M
C       'KHBS' => symmetric state, 1=x축,2=y, 3=1/4,4=전체
C                   'KDR'  => 1일 경우 even kell
C                   'M'    => 계산주기의 수
      READ(5,*) AL,B,DEP,DISP
C                   'AL'   => 길이,'B' => 폭, 'DEP'=> 높이,
c     'DISP' => 배수량
      READ(5,*) DIAM,AWP,DRAFT
C             'DIAM' => column의 직경,'AWP' => 수선면적,'DRAFT'=> 흘수
      READ(5,*) VCG,XLG,TCG
C                   'VCG'  => 좌표 원점으로 부터 중심 G 까지의 z방향의
거리
C                   'XLG'  => 좌표 원점으로 부터 중심 G 까지의 x방향의
거리
C                   'TCG'  => 좌표 원점으로 부터 중심 G 까지의 y방향의
거리
      READ(5,*) GML,GMT,GI4,GI5,GI6
C                   'GML'  => 종방향의 중심과 경심과의 거리
C                   'GMT'  => 횡방향의 중심과 경심과의 거리
C                   'GI4'  => 횡요방향의 2차 관성 모멘트
C                   'GI5'  => 종요방향의 2차 관성 모멘트
C                   'GI6'  => 선수요방향의 2차 관성 모멘트
      READ(5,*) DH,PAGO
      READ(5,*) (CKL(KB),KB=1,M)
C                   'CKL(KB)' => 계산하고자 하는 주기 또는 주파수
```

```
        write(6,1000) KHBS,KDR,M
        write(6,2000) AL,B,DEP,DISP
        write(6,2000) DIAM,AWP,DRAFT
        write(6,2000) VCG,XLG,TCG
        write(6,2000) GML,GMT,GI4,GI5,GI6
        write(6,2000) DH,PAGO
        write(6,3000) (CKL(KB),KB=1,M)
1000    FORMAT(3I4)
2000    FORMAT(2F10.4,3F15.4)
3000    FORMAT(F10.4)
        READ(5,*) NN, IKK, KOR
C                          'NN'   => point number,'IKK'  => elements number
        write(6,1000) NN,IKK,KOR
        DO 15 II=1, IKK
        READ(5,*) I,(KAKOM(II,KK),KK=1,4)
C                                    'KAKOM(II,KK)' => II 요소에서의 각 점의 번지
수
        write(6,5020) i,(KAKOM(II,KK),KK=1,4)
 5020  FORMAT(5I5)
   15   CONTINUE
        DO      116 i=1,NN
        READ(5,*) II,X(I),Y(I),Z(I)
        WRITE(6,5030) II,X(I),Y(I),Z(I)
  116   CONTINUE
 5030 FORMAT(I5,3F10.5)
 1500   WRITE(6,130) IKK,NN,KOR
  130   FORMAT(25X,'NO OF ELEMENTS = ',I5/
    1     ,25X,'NO OF POINTS    = ',I5/
    1      ,25X,'NO OF DIVISION = ',I3/)
  100   RETURN
        END
        SUBROUTINE      SMITH
        IMPLICIT COMPLEX (H)
        PARAMETER (ND=700)
        PARAMETER (MMD=700)
        COMMON          / RS0    / KHBS,KDR,M,NN,IKK
        COMMON          / RS2    / X(MMD),Y(MMD),Z(MMD),KAKOM(MMD,4)
```

```
      COMMON      / RS3   / R31(ND),R32(ND),R33(ND)
      COMMON      / RS4   / XG(ND),YG(ND),ZG(ND),A(ND)
      COMMON      / RS5   / ROLL(ND),PITH(ND),YAW(ND)
      COMMON      / RS6   / HXXA(ND,ND),HXPA(ND,ND)
      COMMON      / GEOM /
DIAM,AWP,DRAFT,VCG,XLG,TCG,GML,GMT,
     1                      GI4,GI5,GI6,DH,OZ
      DIMENSION             R11(ND),R12(ND),R13(ND),PTP(ND),GX(4),
     1                      GY(4),XA(4),YA(4)
      DIMENSION
ZA(4),THT(5),PP(4),TO(4),PPP(4),BX(4),BY(4),
     1                      GXX(4),GYY(4),TA(4)
C**
      PAI=3.141593
      OZ=VCG
      DO    20    II=1,IKK
      DO    30    KK=1,4
      KA=KAKOM(II,KK)
      XA(KK)=X(KA)
      YA(KK)=Y(KA)
      ZA(KK)=Z(KA)
30    CONTINUE
C     ELEMENT OF DIRECTION
      T1X=XA(3)-XA(1)
      T1Y=YA(3)-YA(1)
      T1Z=ZA(3)-ZA(1)
      T2X=XA(4)-XA(2)
      T2Y=YA(4)-YA(2)
      T2Z=ZA(4)-ZA(2)
      RRX=T2Y*T1Z-T1Y*T2Z
      RRY=T1X*T2Z-T2X*T1Z
      RRZ=T2X*T1Y-T1X*T2Y
      RR=SQRT(RRX*RRX+RRY*RRY+RRZ*RRZ)
      T1=SQRT(T1X*T1X+T1Y*T1Y+T1Z*T1Z)
      R31(II)=RRX/RR
      R32(II)=RRY/RR
      R33(II)=RRZ/RR
```

```
      R11(II)=T1X/T1
      R12(II)=T1Y/T1
      R13(II)=T1Z/T1
      R21=R32(II)*R13(II)-R33(II)*R12(II)
      R22=R33(II)*R11(II)-R31(II)*R13(II)
      R23=R31(II)*R12(II)-R32(II)*R11(II)
      XE=(XA(1)+XA(2)+XA(3)+XA(4))/4.0
      YE=(YA(1)+YA(2)+YA(3)+YA(4))/4.0
      ZE=(ZA(1)+ZA(2)+ZA(3)+ZA(4))/4.0
      DO     40     KK=1,4
      DP=R31(II)*(XE-XA(KK))+R32(II)*(YE-YA(KK))
     1+R33(II)*(ZE-ZA(KK))
      XXX=XA(KK)+R31(II)*DP-XE
      YYY=YA(KK)+R32(II)*DP-YE
      ZZZ=ZA(KK)+R33(II)*DP-ZE
      GXX(KK)=R11(II)*XXX+R12(II)*YYY+R13(II)*ZZZ
      GYY(KK)=R21*XXX+R22*YYY+R23*ZZZ
40    CONTINUE
      GPX=(GXX(4)*(GYY(1)-GYY(2))+GXX(2)*(GYY(4)-GYY(1)))/
     1 (GYY(2)-GYY(4))/3.0
      GPY=-GYY(1)/3.0
      DO     50 KK=1,4
      GY(KK)=GYY(KK)-GPY
      GX(KK)=GXX(KK)-GPX
50    CONTINUE
      XG(II)=XE+R11(II)*GPX+R21*GPY
      YG(II)=YE+R12(II)*GPX+R22*GPY
      ZG(II)=ZE+R13(II)*GPX+R23*GPY
      A(II)=ABS((GX(3)-GX(1))*(GY(2)-GY(4)))/2.0
      DO     1200 KJ=1,4
      IF(KJ.EQ.1)     BY(KJ)=GY(3)
      IF(KJ.EQ.1)     BX(KJ)=GX(3)
      IF(KJ.EQ.2)     BX(KJ)=GX(2)
      IF(KJ.EQ.2)     BY(KJ)=GY(2)
      IF(KJ.EQ.3)     BX(KJ)=GX(1)
      IF(KJ.EQ.3)     BY(KJ)=GY(1)
      IF(KJ.EQ.4)     BY(KJ)=GY(4)
```

```
      IF(KJ.EQ.4)       BX(KJ)=GX(4)
1200  CONTINUE
      DO      200      KJ=1,4
      IF(KJ.EQ.4)      GO      TO      215
      TX=BX(KJ)
      TY=BY(KJ)
      THT(KJ)=ATAN2(TY,TX)
      IF(KJ.EQ.3)      GO      TO      216
      GO      TO      200
 216  IF(TY.LT.0.0)    GO      TO      217
      THT(KJ)=THT(KJ)
      GO      TO      200
 217  THT(KJ)=2.0*PAI+THT(KJ)
      GO      TO      200
 215  TY=BY(KJ)
      TX=BX(KJ)
      THT(KJ)=ATAN2(TY,TX)
      THT(KJ)=2.0*PAI+THT(KJ)
 200  CONTINUE
      DO      300      KJ=1,4
      IF(KJ.EQ.4)      GO      TO      315
      YL=BY(KJ)
      XL=BX(KJ)
      YLL=BY(KJ+1)
      XLL=BX(KJ+1)
      GO      TO      325
 315  XL=BX(KJ)
      YL=BY(KJ)
      XLL=BX(1)
      YLL=BY(1)
      THT1=2.0*PAI+THT(1)
      THT(KJ+1)=THT1
 325  YYL=YYL-YL
      XXL=XXL-XL
      AB=YYL/XXL
      ABC=-1.0
      ABCD=-AB*XL+YL
```

```
      PP(KJ)=ABS(ABCD)/SQRT(AB*AB+ABC*ABC)
      TA(KJ)=SQRT(BX(KJ)*BX(KJ)+BY(KJ)*BY(KJ))
      RSK=PP(KJ)/TA(KJ)
      IF(ABS(RSK)-1.0 .GT. 0.0) THEN
      IF(RSK .LE. 0.0) THEN
      RSK=-1.0
      ELSE
      RSK=1.0
      END     IF
      END     IF
      TO(KJ)=THT(KJ)+ACOS(RSK)
      SI=SIN((THT(KJ+1)-TO(KJ))/2.0+PAI/4.0)
      CO=COS((THT(KJ+1)-TO(KJ))/2.0+PAI/4.0)
      SII=SIN((THT(KJ)-TO(KJ))/2.0+PAI/4.0)
      COO=COS((THT(KJ)-TO(KJ))/2.0+PAI/4.0)
      TAA=SI/CO
      TAAI=SII/COO
      TANJ=ABS(TAA/TAAI)
      PPP(KJ)=PP(KJ)*ALOG(TANJ)
300   CONTINUE
      PTTT=0.0
      DO      400     KJ=1,4
      PTTT=PTTT+PPP(KJ)
400   CONTINUE
      PTP(II)=PTTT
      YAW(II)=(XG(II)-XLG)*R32(II)-YG(II)*R31(II)
      ROLL(II)=YG(II)*R33(II)-(ZG(II)-OZ)*R32(II)
      PITH(II)=(XG(II)-XLG)*R33(II)-(ZG(II)-OZ)*R31(II)
 20   CONTINUE
      DO      505     II=1,IKK
      WRITE(6,506) II,R31(II),R32(II),R33(II),A(II)
506   FORMAT(2X,I5,4E14.5)
505   CONTINUE
      DO      500     II=1,IKK
      DO      600     JJ=1,IKK
      HXXA(II,JJ)=(0.0,0.0)
      HXPA(II,JJ)=(0.0,0.0)
```

```
 600    CONTINUE
 500    CONTINUE
        DO      2000    IJK=1,2
        DO      2100    II=1,IKK
        XE=XG(II)
        YE=YG(II)
        ZE=ZG(II)
        DO      2200    JJ=1,IKK
        DO      802             KK=1,4
        KA=KAKOM(JJ,KK)
        XA(KK)=X(KA)
        YA(KK)=Y(KA)
        ZA(KK)=Z(KA)
 802    CONTINUE
        AID=(XA(1)-XA(3))*(XA(1)-XA(3))
    1+(YA(1)-YA(3))*(YA(1)-YA(3))
    1+(ZA(1)-ZA(3))*(ZA(1)-ZA(3))
        BID=(XA(2)-XA(4))*(XA(2)-XA(4))
    1+(YA(2)-YA(4))*(YA(2)-YA(4))
    1+(ZA(2)-ZA(4))*(ZA(2)-ZA(4))
        IF(AID.GE.BID)  GO      TO      23
        DIA=SQRT(BID)
        GO      TO      22
  23    DIA=SQRT(AID)
  22    XDIA=DIA
        YDIA=4.0*XDIA
        XKK=XG(JJ)
        YKK=YG(JJ)
        ZKK=ZG(JJ)
        IF(IJK.EQ.1)    GO      TO      6201
        IF(IJK.EQ.2)    GO      TO      6202
6201    IF(II.EQ.JJ)    GO      TO      2305

        XX=XE-XKK
        YY=YE-YKK
        ZZ=ZE-ZKK
        GO      TO      2205
```

```
6202  XX=XE-XKK
      YY=YE-YKK
      ZZ=ZE+ZKK
      GO     TO     2205
2205  D=SQRT(XX*XX+YY*YY+ZZ*ZZ)
      D3=1.0/(D*D*D)
      IF(D.LE.YDIA)    GO    TO    401
      WX=-XX*D3
      WY=-YY*D3
      WZ=-ZZ*D3
 402  VX=A(JJ)*WX
      VY=A(JJ)*WY
      VZ=A(JJ)*WZ
      AWXY=A(JJ)/D
4001  HFC=CMPLX(VX*R31(II),0.0)+CMPLX(VY*R32(II),0.0)+
     1 CMPLX(VZ*R33(II),0.0)
      HFOC=CMPLX(AWXY,0.0)
c     IF(IIIO.EQ.2)    GO    TO    401
      GO     TO     4005
 401  EVXO=0.0
      EVZO=0.0
      EVYO=0.0
      EXYZ=0.0
      AR1=SQRT((XA(2)-XA(3))*(XA(2)-XA(3))
     1 +(YA(2)-YA(3))*(YA(2)-YA(3))
     1 +(ZA(2)-ZA(3))*(ZA(2)-ZA(3)))
      AR2=SQRT((XA(1)-XA(4))*(XA(1)-XA(4))
     1 +(YA(1)-YA(4))*(YA(1)-YA(4))
     1 +(ZA(1)-ZA(4))*(ZA(1)-ZA(4)))
      AR3=SQRT((XA(2)-XA(1))*(XA(2)-XA(1))
     1+(YA(2)-YA(1))*(YA(2)-YA(1))
     1 +(ZA(2)-ZA(1))*(ZA(2)-ZA(1)))
      AR4=SQRT((XA(3)-XA(4))*(XA(3)-XA(4))
     1 +(YA(3)-YA(4))*(YA(3)-YA(4))
     1 +(ZA(3)-ZA(4))*(ZA(3)-ZA(4)))
      AR12=(AR1+AR2)*28.0
      AR34=(AR3+AR4)*28.0
```

```
      DO      61      MA=1,8
      AM=FLOAT(MA)
      AA=0.125*(8.5-AM)
      BB=0.125*(AM-0.5)
      EEA=(8.0*AR3-AR4-(AR3-AR4)*AM)/AR34*A(JJ)
      DO      61      MB=1,8
      BM=FLOAT(MB)
      CC=0.125*(8.5-BM)
      DD=0.125*(BM-0.5)
      EX=AA*(CC*XA(2)+DD*XA(1))+BB*(CC*XA(3)+DD*XA(4))
      EY=AA*(CC*YA(2)+DD*YA(1))+BB*(CC*YA(3)+DD*YA(4))
      EZ=AA*(CC*ZA(2)+DD*ZA(1))+BB*(CC*ZA(3)+DD*ZA(4))
      IF(IJK.EQ.1)GO TO 6301
      IF(IJK.EQ.2)GO TO 6302
6301  EXO=XE-EX
      EYO=YE-EY
      EZO=ZE-EZ
      GO      TO      1160
6302  EXO=XE-EX
      EYO=YE-EY
      EZO=ZE+EZ
      GO      TO      1160
1160  ED=SQRT(EXO*EXO+EYO*EYO+EZO*EZO)
      ED3=1.0/(ED*ED*ED)
      EA=(8.0*AR1-AR2-(AR1-AR2)*BM)/AR12*EEA
      SXYZ=EA/ED
      EVXO=EVXO+ED3*EXO*EA
      EVYO=EVYO+ED3*EYO*EA
      EVZO=EVZO+ED3*EZO*EA
      EXYZ=EXYZ+SXYZ
  61  CONTINUE
      HFC=CMPLX(-1.0*EVXO*R31(II),0.0)+
   1  CMPLX(-1.0*EVYO*R32(II),0.0)+
   1  CMPLX(-1.0*EVZO*R33(II),0.0)
                  C
      HFOC=CMPLX(EXYZ,0.0)
      GO      TO      4005
```

```
 2305     HFC=CMPLX(-2.0*PAI,0.0)
          HFOC=CMPLX(PTP(II),0.0)
 4005     HXXA(II,JJ)=HXXA(II,JJ)+HFC
          HXPA(II,JJ)=HXPA(II,JJ)+HFOC
 2200     CONTINUE
 2100     CONTINUE
 2000     CONTINUE
 7850     RETURN
          END
C
          SUBROUTINE    GREEN
      IMPLICIT COMPLEX  (H)
      PARAMETER  (ND=700)
      COMMON   / RS0 / KHBS,KDR,M,NN,IKK
      COMMON   / RS4 / XG(ND),YG(ND),ZG(ND),A(ND)
      COMMON   / RS3 / R31(ND),R32(ND),R33(ND)
      COMMON   / RS61/ HXXE(ND,ND),HXPE(ND,ND)
      COMMON   / RS8 / HPSU(ND),HPSW(ND),HPSH(ND),HPSR(ND),
     1                 HPSP(ND),HPYW(ND)
      COMMON   / RS15/ ZZ,CK,SIG
      COMMON   / RS50/ KO
      PAI=3.141593
      DO 100  II=1,IKK
      DO 200  JJ=1,IKK
      HXXE(II,JJ)=(0.0,0.0)
      HXPE(II,JJ)=(0.0,0.0)
  200 CONTINUE
  100 CONTINUE
      IF(KO.EQ.1)  GO  TO  5555
      DO  1100  II=1,IKK
      XE=XG(II)
      YE=YG(II)
      ZE=ZG(II)
      DO  1200  JJ=1,IKK
      XKK=XG(JJ)
      YKK=YG(JJ)
      ZKK=ZG(JJ)
```

```
XRR=XE-XKK
YRR=YE-YKK
ZZ=ZE+ZKK
R=SQRT(XRR**2+YRR**2)
ZK=EXP(CK*ZZ)
IF(II.EQ.JJ) GO TO 1235
IF(R.EQ.0.0) GO TO 1235
CKR=CK*R
BJO=AJBES(0,CKR)
BJ1=AJBES(1,CKR)
BYO=YBES(0,CKR)
BY1=YBES(1,CKR)
CALL    IINT(R,ZZ,0.0,CK,SUMI)
CALL    INTEG(R,ZZ,0.0,CK,SUM)
CALL STRO(CK,R,ST1,ST2)
CKS=-2.0*CK*ZK*SUMI
CKB=-PAI*CK*ZK*(ST2-CK*BY1)/R
CKBS=CKB+CKS
PKR1=-PAI*CK*CK*ZK*(ST1+BYO)
PKR2=2.0*CK*CK*ZK*SUM
PKR3=2.0*CK/SQRT(ZZ*ZZ+R*R)
PKSU=PKR1+PKR2+PKR3
XXR=CKBS*A(JJ)*XRR
XYR=CKBS*A(JJ)*YRR
XZR=PKSU*A(JJ)
ZSU=PKR2/CK
CZPR=PKR1/CK
ZSUM=CZPR+ZSU
PZB=-2.0*CK*PAI*ZK*CK*BJ1/R
PPB=2.0*PAI*CK*CK*ZK*BJO
XXI=PZB*A(JJ)*XRR
XYI=PZB*A(JJ)*YRR
XZI=PPB*A(JJ)
ZSUU=PPB/CK
HXX1=CMPLX(XXR*R31(II),XXI*R31(II))+
*     CMPLX(XYR*R32(II),XYI*R32(II))+
*     CMPLX(XZR*R33(II),XZI*R33(II))
```

```
      HXP1=CMPLX(ZSUM*A(JJ),ZSUU*A(JJ))
      GO  TO  4889
 1235 AZZ=2.0*PAI*CK*CK*ZK
      AZZZ=AZZ/CK
      CALL        ASBD(s,sk,ck,zz)
c      CALL        AABB(SSf1,sSB1,CK,ZZ)
      A0=2.0*ck
      B0=50.0*ck
      ss=simps1(A0,B0,50,CK,ZZ)
      sbb=simps2(A0,B0,50,ck,zz)
      SSS=2.0*CK*(SS+S)
      SSSB=2.0*CK*(SK+SBB)
      HXX1=CMPLX(sss*r33(ii)*a(jj),AZZ*R33(II)*A(JJ))
      HXP1=CMPLX(sssb*a(jj),AZZZ*A(JJ))
 4889 HXXE(II,JJ)=HXXE(II,JJ)+HXX1
      HXPE(II,JJ)=HXPE(II,JJ)+HXP1
 1200 CONTINUE
 1100 CONTINUE
 5555 RETURN
      END
         SUBROUTINE       IINT(R,B,A,CK,SUMII)
         DOUBLE  PRECISION  P,ST,F1,SS,SQ,F2,SUMI
         N=100
         SUMI=0.0
         H=(B-A)/FLOAT(N)
         X=A
         P=X*X+R*R
         ST=P**(1.0/3.0)
         F1=EXP(-CK*X)/ST
         DO        10        I=1,N
         X=A+H*FLOAT(I)
         SQ=X*X+R*R
         SS=SQ**(1.0/3.0)
         F2=EXP(-CK*X)/SS
         SUMI=SUMI+0.5*H*(F1+F2)
         F1=F2
10       CONTINUE
```

```
      SUMII=SNGL(SUMI)
      RETURN
      END
C
      SUBROUTINE    INTEG(R,B,A,CK,SUM1)
      DOUBLE PRECISION P,ST,F1,SQ,SS,F2,SUM
      N=100
      SUM=0.0
      H=(B-A)/FLOAT(N)
      X=A
      P=X*X+R*R
      ST=SQRT(P)
      F1=EXP(-CK*X)/ST
      DO    10    I=1,N
      X=A+H*FLOAT(I)
      SQ=X*X+R*R
      SS=SQRT(SQ)
      F2=EXP(-CK*X)/SS
      SUM=SUM+0.5*H*(F1+F2)
      F1=F2
   10 CONTINUE
      SUM1=SNGL(SUM)
      RETURN
      END
C
      SUBROUTINE    STRO(CK,R,ST3,ST2)
C     STROVE FUNCTION
      DOUBLE PRECISION ST0,STP,H0,H1,ST1,SS
      PAI=3.141593
      X=CK*R
      H0=2.0/PAI*X
      ST0=X
      DO    100    I=2,100
      S=FLOAT(I)*2.0
      STP=(-1.0)**(I-1)*ST0*X**2/(S-1.0)**2
      H0=H0+STP*2.0/PAI
      IF(I.LE.5) GO    TO    50
```

```
      IF(DABS(STP).LE.0.1D-6)   GO      TO      200
50    ST0=DABS(STP)
100   CONTINUE
200   H1=2.0/PAI*X**2/3.0
      ST1=X**2/3.0
      ST3=SNGL(H0)
      DO      300      I=2,100
      S=FLOAT(I)*2.0
      STP=(-1.0)**(I-1)*ST1*X**2/(S-1.0)/(S+1.0)
      H1=H1+STP*2.0/PAI
      IF(I.LE.5) GO      TO      250
      IF(DABS(STP).LE.0.1D-6)   GO      TO      400
 250  ST1=DABS(STP)
 300  CONTINUE
 400  SS=2.0*CK/PAI-H1*CK
      ST2=SNGL(SS)
      GO      TO      600
 500  ST1=0.0
      ST2=0.0
 600  RETURN
      END
C
      SUBROUTINE      ASBD(S,SK,CK,ZZ)
      DOUBLE PRECISION S2,S3,S111,S222,SA1,SAN
      DOUBLE PRECISION FA1,FAN,S31,S11,S21,S22,SS1,SS2
      N=91
      A=0.0
      S2=0.0
      S3=0.0
      S111=0.0
      S222=0.0
      B=2.0*CK
      H=(B-A)/FLOAT(N)
      SA1=(EXP(A*ZZ)-EXP(CK*ZZ))/(A-CK)
      SAN=(EXP(B*ZZ)-EXP(CK*ZZ))/(B-CK)
      FA1=(A*EXP(A*ZZ)-CK*EXP(CK*ZZ))/(A-CK)
      FAN=(B*EXP(B*ZZ)-CK*EXP(CK*ZZ))/(B-CK)
```

```
      J=N-1
      DO 10 I=1,J
      X=A+H*FLOAT(I)
      IF(X.EQ.CK) X=0.999*X
      S=FLOAT(I)
      K=I/3
      P=S/3.0
      IF(K.EQ.P) GO TO 20
      S31=(X*EXP(X*ZZ)-CK*EXP(CK*ZZ))/(X-CK)
      S11=(EXP(X*ZZ)-EXP(CK*ZZ))/(X-CK)
      S3=S3+S31
      S111=S111+S11
      GO TO 10
   20 S21=(X*EXP(X*ZZ)-CK*EXP(CK*ZZ))/(X-CK)
      S22=(EXP(X*ZZ)-EXP(CK*ZZ))/(X-CK)
      S2=S2+S21
      S222=S222+S22
   10 CONTINUE
      SS1=3.0*H*(FA1+FAN+3.0*S3+2.0*S2)/8.0
      SS2=3.0*H*(SA1+SAN+3.0*S111+2.0*S222)/8.0
      S=SNGL(SS1)
      SK=SNGL(SS2)
      RETURN
      END
C
      SUBROUTINE AABB(SV,SVV,CK,ZZ)
    DOUBLE PRECISION s2,s3,s111,s222,sa1,san
    DOUBLE PRECISION fa1,fan,s31,s11,s21,s22,ss1,ss2
    DOUBLE PRECISION A11,B11,X11,A1,B1,X1
    N=100
    S2=0.0
    S3=0.0
    S111=0.0
    S222=0.0
    A=2.0*CK
    B=30.0*CK
    h=(B-A)/FLOAT(N)
```

```
      A1=A*ZZ
      B1=B*ZZ
      A11=EXP(A1)
      B11=EXP(B1)
      SA1=A11/(A-CK)
      SAN=B11/(B-CK)
      FA1=A*A11/(A-CK)
      FAN=B*B11/(B-CK)
      J=N-1
      DO  10  I=1,J
      X=A+H*FLOAT(I)
      S=FLOAT(I)
      K=I/3
      P=S/3.0
      IF(K.EQ.P)  GO  TO  20
      X1=X*ZZ
      X11=EXP(X1)
      IF(X11.LE.1.0D-6) go to  11
      S31=X*X11/(X-CK)
      S11=S31/X
      S3=S3+S31
      S111=S111+S11
      GO  TO  10
20    X1=X*ZZ
      X11=EXP(X1)
      IF(X11.LE.1.0D-6) go to  11
      S21=X*X11/(X-CK)
      S22=S21/X
      S2=S2+S21
      S222=S222+S22
10    CONTINUE
11    Ss1=3.0*H*(FA1+FAN+3.0*S3+2.0*S2)/8.0
      Ss2=3.0*H*(SA1+SAN+3.0*S111+2.0*S222)/8.0
      SV=SNGL(SS1)
      SVV=sngl(SS2)
      RETURN
      END
```

```
C
      SUBROUTINE AACC(SS,SBB,CK,ZZ)
      m=150
      ss=0.0
      sbb=0.0
      A=2.0*ck
      B=100.0*ck
      H=(B-A)/float(m)
      xz=A*zz
      ff1=A*exp(xz)/(A-ck)
      fbb1=ff1/A
      do 20 j=1,m
      xx=A+H*float(j)
      xxx=xx*zz
      a1=exp(xxx)
      ff2=xx*a1/(xx-ck)
      fbb2=ff2/xx
      ffa=abs(ff2)
      if(ffa.le.1.0e-10) go to 21
      ss=ss+0.5*H*(ff1+ff2)
      sbb=sbb+0.5*H*(fbb1+fbb2)
      ff1=ff2
      fbb1=fbb2
   20 continue
   21 return
      end
C
      SUBROUTINE      CALA
      IMPLICIT COMPLEX          (H)
      PARAMETER       (ND=700)
      COMMON          / RS0    / KHBS,KDR,M,NN,IKK
      COMMON          / RS6    / HXXA(ND,ND),HXPA(ND,ND)
      COMMON          / RS61   / HXXE(ND,ND),HXPE(ND,ND)
      COMMON          / RS611  / HMAT1(ND,ND),HSOL1(ND,ND)
      DO        2200  II=1,IKK
      DO        2210  JJ=1,IKK
      HMAT1(II,JJ)=HXXA(II,JJ)+HXXE(II,JJ)
```

```
2210    CONTINUE
2200    CONTINUE
        DO      2300    II=1,IKK
        DO      2310    JJ=1,IKK
        HSOL1(II,JJ)=HXPA(II,JJ)+HXPE(II,JJ)
2310    CONTINUE
2300    CONTINUE
        RETURN
        END
C
        SUBROUTINE      CAL1
        IMPLICIT COMPLEX        (H)
        PARAMETER       (ND=700)
        COMPLEX         W
        COMMON          / RS0   / KHBS,KDR,M,NN,IKK
        COMMON          / RS3   / R31(ND),R32(ND),R33(ND)
        COMMON          / RS611 / HMAT1(ND,ND),HSOL1(ND,ND)
        COMMON          / RS8   / HPSU(ND),HPSW(ND),HPSH(ND),HPSR(ND),
     1                            HPSP(ND),HPYW(ND)
        COMMON          / RS12  / HTCC(ND),HPO(ND)
        COMMON          / RS121 /
HTCC1(ND),HTCC2(ND),HTCC3(ND),HTCC4(ND),
     1                            HTCC5(ND),HTCC6(ND),HTCC7(ND)
        COMMON          / RS14  / IP(ND),W(ND)
        DIMENSION HMOL(ND,ND)
        EPS=0.00001
        DO      1000    II=1,IKK
        DO      1100    JJ=1,IKK
        HMOL(II,JJ)=HMAT1(II,JJ)
1100    CONTINUE
1000    CONTINUE
        DO      2000    II=1,IKK
        HTCC(II)=CMPLX(R31(II),0.0)
2000    CONTINUE
C
        CALL CLINLU(HMOL,IKK,ND,HTCC,EPS,W,IP,NSTOP)
        DO      2400    II=1,IKK
```

```
          HPSU(II)=(0.0,0.0)
 2400     CONTINUE
          DO     2500     II=1,IKK
          DO     2510     JJ=1,IKK
          HPSU(II)=HPSU(II)+HSOL1(II,JJ)*HTCC(JJ)
 2510     CONTINUE
 2500     CONTINUE
C
          DO     3511     JJ=1,IKK
          HTCC1(JJ)=HTCC(JJ)
 3511     CONTINUE
          RETURN
          END
C
          SUBROUTINE      CAL2
          IMPLICIT  COMPLEX          (H)
          COMPLEX          W
          PARAMETER        (ND=700)
          COMMON           / RS0    / KHBS,KDR,M,NN,IKK
          COMMON           / RS3    / R31(ND),R32(ND),R33(ND)
          COMMON           / RS611  / HMAT1(ND,ND),HSOL1(ND,ND)
          COMMON           / RS8    / HPSU(ND),HPSW(ND),HPSH(ND),HPSR(ND),
     1                                 HPSP(ND),HPYW(ND)
          COMMON           / RS12   / HTCC(ND),HPO(ND)
          COMMON           / RS121  /
HTCC1(ND),HTCC2(ND),HTCC3(ND),HTCC4(ND),
     1                                 HTCC5(ND),HTCC6(ND),HTCC7(ND)
          COMMON           / RS14   / IP(ND),W(ND)
          DIMENSION  HMOL(ND,ND)
          EPS=0.00001
          DO     1000     II=1,IKK
          DO     1100     JJ=1,IKK
          HMOL(II,JJ)=HMAT1(II,JJ)
 1100     CONTINUE
 1000     CONTINUE
          DO     2000     II=1,IKK
          HTCC(II)=CMPLX(R32(II),0.0)
```

```
2000    CONTINUE
        CALL    CLINLU(HMOL,IKK,ND,HTCC,EPS,W,IP,NSTOP)
        DO      2400    II=1,IKK
        HPSW(II)=(0.0,0.0)
2400    CONTINUE
        DO      2500    II=1,IKK
        DO      2510    JJ=1,IKK
        HPSW(II)=HPSW(II)+HSOL1(II,JJ)*HTCC(JJ)
2510    CONTINUE
2500    CONTINUE
        DO      3512    JJ=1,IKK
        HTCC2(JJ)=HTCC(JJ)
3512    CONTINUE
        RETURN
        END
C
        SUBROUTINE      CAL3
        IMPLICIT COMPLEX        (H)
        COMPLEX         W
        PARAMETER       (ND=700)
        COMMON          / RS0   / KHBS,KDR,M,NN,IKK
        COMMON          / RS3   / R31(ND),R32(ND),R33(ND)
        COMMON          / RS611 / HMAT1(ND,ND),HSOL1(ND,ND)
        COMMON          / RS8   / HPSU(ND),HPSW(ND),HPSH(ND),HPSR(ND),
     1                            HPSP(ND),HPYW(ND)
        COMMON          / RS12  / HTCC(ND),HPO(ND)
        COMMON          / RS121 /
HTCC1(ND),HTCC2(ND),HTCC3(ND),HTCC4(ND),
     1                            HTCC5(ND),HTCC6(ND),HTCC7(ND)
        COMMON          / RS14  / IP(ND),W(ND)
        DIMENSION HMOL(ND,ND)
        EPS=0.00001
        DO      1000    II=1,IKK
        DO      1100    JJ=1,IKK
        HMOL(II,JJ)=HMAT1(II,JJ)
1100    CONTINUE
1000    CONTINUE
```

```
      DO      2000    II=1,IKK
      HTCC(II)=CMPLX(R33(II),0.0)
2000  CONTINUE
      CALL    CLINLU(HMOL,IKK,ND,HTCC,EPS,W,IP,NSTOP)
      DO      2400    II=1,IKK
      HPSH(II)=(0.0,0.0)
2400  CONTINUE
      DO      2500    II=1,IKK
      DO      2510    JJ=1,IKK
      HPSH(II)=HPSH(II)+HSOL1(II,JJ)*HTCC(JJ)
2510  CONTINUE
2500  CONTINUE
      DO      3513    JJ=1,IKK
      HTCC3(JJ)=HTCC(JJ)
3513  CONTINUE
      RETURN
      END
C
      SUBROUTINE      CAL4
      IMPLICIT  COMPLEX         (H)
      COMPLEX         W
      PARAMETER       (ND=700)
      COMMON          / RS0    / KHBS,KDR,M,NN,IKK
      COMMON          / RS3    / R31(ND),R32(ND),R33(ND)
      COMMON          / RS5    / ROLL(ND),PITH(ND),YAW(ND)
      COMMON          / RS611  / HMAT1(ND,ND),HSOL1(ND,ND)
      COMMON          / RS8    / HPSU(ND),HPSW(ND),HPSH(ND),HPSR(ND),
     1                           HPSP(ND),HPYW(ND)
      COMMON          / RS12   / HTCC(ND),HPO(ND)
      COMMON          / RS121  /
HTCC1(ND),HTCC2(ND),HTCC3(ND),HTCC4(ND),
     1                           HTCC5(ND),HTCC6(ND),HTCC7(ND)
      COMMON          / RS14   / IP(ND),W(ND)
      DIMENSION  HMOL(ND,ND)
      EPS=0.00001
      DO      1000    II=1,IKK
      DO      1100    JJ=1,IKK
```

```
      HMOL(II,JJ)=HMAT1(II,JJ)
1100  CONTINUE
1000  CONTINUE
      DO      2000    II=1,IKK
      HTCC(II)=CMPLX(ROLL(II),0.0)
2000  CONTINUE
      CALL    CLINLU(HMOL,IKK,ND,HTCC,EPS,W,IP,NSTOP)
      DO      2400    II=1,IKK
      HPSR(II)=(0.0,0.0)
2400  CONTINUE
      DO      2500    II=1,IKK
      DO      2510    JJ=1,IKK
      HPSR(II)=HPSR(II)+HSOL1(II,JJ)*HTCC(JJ)
2510  CONTINUE
2500  CONTINUE
      DO      3514    JJ=1,IKK
      HTCC4(JJ)=HTCC(JJ)
3514  CONTINUE
      RETURN
      END
C
      SUBROUTINE      CAL5
      IMPLICIT COMPLEX        (H)
      COMPLEX         W
      PARAMETER       (ND=700)
      COMMON          / RS0   / KHBS,KDR,M,NN,IKK
      COMMON          / RS3   / R31(ND),R32(ND),R33(ND)
      COMMON          / RS5   / ROLL(ND),PITH(ND),YAW(ND)
      COMMON          / RS611 / HMAT1(ND,ND),HSOL1(ND,ND)
      COMMON          / RS8   / HPSU(ND),HPSW(ND),HPSH(ND),HPSR(ND),
     1                          HPSP(ND),HPYW(ND)
      COMMON          / RS12  / HTCC(ND),HPO(ND)
      COMMON          / RS121 /
HTCC1(ND),HTCC2(ND),HTCC3(ND),HTCC4(ND),
     1                          HTCC5(ND),HTCC6(ND),HTCC7(ND)
      COMMON          / RS14  / IP(ND),W(ND)
      DIMENSION HMOL(ND,ND)
```

```
      EPS=0.00001
      DO      1000    II=1,IKK
      DO      1100    JJ=1,IKK
      HMOL(II,JJ)=HMAT1(II,JJ)
1100  CONTINUE
1000  CONTINUE
      DO      2000    II=1,IKK
      HTCC(II)=CMPLX(PITH(II),0.0)
2000  CONTINUE
      CALL    CLINLU(HMOL,IKK,ND,HTCC,EPS,W,IP,NSTOP)
      DO      2400    II=1,IKK
      HPSP(II)=(0.0,0.0)
2400  CONTINUE
      DO      2500    II=1,IKK
      DO      2510    JJ=1,IKK
      HPSP(II)=HPSP(II)+HSOL1(II,JJ)*HTCC(JJ)
2510  CONTINUE
2500  CONTINUE
      DO      3515    JJ=1,IKK
      HTCC5(JJ)=HTCC(JJ)
3515  CONTINUE
      RETURN
      END
C
      SUBROUTINE      CAL6
      IMPLICIT COMPLEX        (H)
      COMPLEX         W
      PARAMETER       (ND=700)
      COMMON          / RS0   / KHBS,KDR,M,NN,IKK
      COMMON          / RS3   / R31(ND),R32(ND),R33(ND)
      COMMON          / RS5   / ROLL(ND),PITH(ND),YAW(ND)
      COMMON          / RS611 / HMAT1(ND,ND),HSOL1(ND,ND)
      COMMON          / RS8   / HPSU(ND),HPSW(ND),HPSH(ND),HPSR(ND),
     1                          HPSP(ND),HPYW(ND)
      COMMON          / RS12  / HTCC(ND),HPO(ND)
      COMMON          / RS121 /
HTCC1(ND),HTCC2(ND),HTCC3(ND),HTCC4(ND),
```

```
     1                                  HTCC5(ND),HTCC6(ND),HTCC7(ND)
          COMMON          / RS14   / IP(ND),W(ND)
          DIMENSION  HMOL(ND,ND)
          EPS=0.00001
          DO        1000      II=1,IKK
          DO        1100      JJ=1,IKK
          HMOL(II,JJ)=HMAT1(II,JJ)
1100      CONTINUE
1000      CONTINUE
          DO        2000      II=1,IKK
          HTCC(II)=CMPLX(YAW(II),0.0)
2000      CONTINUE
          CALL      CLINLU(HMOL,IKK,ND,HTCC,EPS,W,IP,NSTOP)
          DO        2400      II=1,IKK
          HPSW(II)=(0.0,0.0)
2400      CONTINUE
          DO        2500      II=1,IKK
          DO        2510      JJ=1,IKK
          HPSW(II)=HPSW(II)+HSOL1(II,JJ)*HTCC(JJ)
2510      CONTINUE
2500      CONTINUE
          DO        3516      JJ=1,IKK
          HTCC6(JJ)=HTCC(JJ)
3516      CONTINUE
          RETURN
          END
C
          SUBROUTINE    CAL7
      IMPLICIT COMPLEX  (H)
      COMPLEX  W
      PARAMETER  (ND=700)
      COMMON  / RS0   / KHBS,KDR,M,NN,IKK
      COMMON  / RS3   / R31(ND),R32(ND),R33(ND)
      COMMON  / RS4   / XG(ND),YG(ND),ZG(ND),A(ND)
      COMMON  / RS5   / ROLL(ND),PITH(ND),YAW(ND)
      COMMON  / RS11  / HEP(ND),HEXYZ(ND)
      COMMON  / RS117 / HEP7(ND),HEXYZ7(ND)
```

```
      COMMON   / RS611/ HMAT1(ND,ND),HSOL1(ND,ND)
      COMMON   / RS12 / HTCC(ND),HPO(ND)
      COMMON   / RS121 / HTCC1(ND),HTCC2(ND),HTCC3(ND),HTCC4(ND),
     *                   HTCC5(ND), HTCC6(ND),HTCC7(ND)
      COMMON   / RS14 / IP(ND),W(ND)
      COMMON   / RS15 / ZZ,CK,SIG
      COMMON   / RS36 / ALPHA
      COMMON   / RS70 / HPYWD(ND)
      DIMENSION HMOL(ND,ND)
      EPS=0.00001
      DO  7000  II=1,IKK
      DO  7100  JJ=1,IKK
C
      HMOL(II,JJ)=HMAT1(II,JJ)
C
 7100 CONTINUE
 7000 CONTINUE
      CALL POPY(kc,alpha)
      DO  7730  II=1,IKK
      HTCC(II)=-HEXYZ(II)
 7730 CONTINUE
      CALL  CLINLU(HMOL,IKK,ND,HTCC,EPS,W,IP,NSTOP)
      DO  2440  II=1,IKK
      HPYWD(II)=(0.0,0.0)
 2440 CONTINUE
      DO  2550 II=1,IKK
      DO  2511  JJ=1,IKK
      HPYWD(II)=HPYWD(II)+HSOL1(II,JJ)*HTCC(JJ)
 2511 CONTINUE
 2550 CONTINUE
      DO  7516  JJ=1,IKK
      HTCC7(JJ)=HTCC(JJ)
 7516 CONTINUE
      RETURN
      END
C
C
```

```
C
      SUBROUTINE CLINLU (A,N,N1,B,EPS,W,IP,NSTOP)
C     SOLUTION OF THE SIMULATANEOUS LINEAR EQUATIONS
C     BY CROUT METHOD(LU FACTORIZATION).
C     *USAGE - -
C     CALL CLINLU (A,N,N1,B,EPS,W,IP,NSTOP)
C     INPUT - -
C            A          C*8 - 2-DIM. ARRAY CONTAINING
THE COEFFICIENTS.
C            N          I*4 - PRDER OF THE MATRIX 'A'.
C            N1         I*4 - SIZE OF THE 2-DIM. ARRAY
'A' DEFINED
C                             IN 'DIMENSION'
STATEMENT (FIRST INDEX).
C            B          C*8 - 1-DIM. ARRAY CONTAINING
THE RIGHT-HAND
C                             SIDE VECTOR.
C            EPS        R*4 - PARAMETER TO CHECK
DINGULARITY OF THE
C                             MATRIX 'A'. (STANDARD
VALUE : 1.0E-5)
C     OUTPUT - -
C            A          C*8 - RESURT OF THE LU
FACTORIZATION.
C            B          C*8 - SOLUTION.
C            NSTOP I*4  - FINAL STATE OF THE
FXECUTION :
C                                        0 :
NORMAL END
C                                        1 :
MATRIX SINGURAL
C                                        2 :
ARGUMENT ERROR
C     WORKING AREA - -
C            IP         I*4 - 1-DIM. ARRAY.
C            W          C*8 - 1-DIM. ARRAY.
C
```

```
      COMPLEX A,B,AWK,W
      REAL MAX
      DIMENSION A(N1,1),B(1),IP(1),W(1)
C
C     ARGUMENT CHECK.
C
      NM1 = N-1
      IF(N1-N) 1010,100,100
100   CONTINUE
      IF(NM1) 1010,1000,110
110   CONTINUE
      IF(EPS) 120,130,130
120   CONTINUE
      EPS = 1.0E-5
130   CONTINUE
C
C     INITIALIZATION.
C
      DO     140     I=1,N
      W(I)=CABS(A(I,1))
      IP(I)=I
140   CONTINUE
C
C     FIND MAXIMUM ELEMENT FOR EVERY ROW.
C
      DO     160     J=2,N
      DO     160     I=1,N
      ABSS=CABS(A(I,J))
      WRK=W(I)
      IF(WRK-ABSS) 150,160,160
  150 CONTINUE
      W(I)=ABSS
  160 CONTINUE
      DO     180     I=1,N
      WRK=W(I)
      IF(WRK) 170,1020,170
  170 CONTINUE
```

```
      W(I)=1.0E0/W(I)
  180 CONTINUE
C
C     START LU FACTORIZATION.
C
      DO    260    K=1,N
      K1=K-1
      IF(K1) 190,210,190
  190 CONTINUE
      DO    200    J=1,K1
      IROW=IP(J)
      AWK=-A(IROW,K)*A(IROW,J)
      A(IROW,K)=-AWK
      KK=J+1
      DO    200    II=KK,N
      I=IP(II)
      A(I,K)=A(I,K)+A(I,J)*AWK
  200 CONTINUE
C
C     FIND MAXIMUM ELEMENT IN THE K-TH COLUMN.
C
  210 CONTINUE
      MAX=0.0E0
      DO    230    II=K,N
      I=IP(II)
      WRK=CABS(A(I,K))*W(I)
      IF(MAX-WRK) 220,230,230
  220 CONTINUE
      IIROW=II
      MAX=WRK
  230 CONTINUE
C
C     CHECK SINGULARITY.
C
      IF(MAX-EPS)    240,250,250
  240 CONTINUE
      IF(MAX) 1030,1020,1030
```

```
  250    CONTINUE
         IROW=IP(IIROW)
         IP(IIROW)=IP(K)
         IP(K)=IROW
         A(IROW,K)=1.0E0/A(IROW,K)
  260    CONTINUE
         ENTRY CLSUB(B)
         IF(NM1) 1010,1000,270
C
C        FORWORD SUBSTITUTION.
C
  270    CONTINUE
         DO      280     K=1,NM1
         IROW=IP(K)
         AWK=-B(IROW)*A(IROW,K)
         B(IROW)=-AWK
         K1=K+1
         DO      280     II=K1,N
         I=IP(II)
         B(I)=A(I,K)*AWK+B(I)
  280    CONTINUE
         B(I)=B(I)*A(I,N)
C
C        BACKWARD SUBSTITUTION.
C
         DO      290     KK=2,N
         K=N-KK+2
         AWK=-B(I)
         K1=K-1
         DO      290     II=1,K1
         I=IP(II)
         B(I)=A(I,K)*AWK+B(I)
  290    CONTINUE
         DO      300     K=1,N
         W(K)=B(K)
  300    CONTINUE
         DO      310     K=1,N
```

```
      I=IP(K)
      B(K)=W(I)
  310 CONTINUE
      NSTOP=0
      RETURN
C
C     MATRIX ELEMENT IS ONLY ONE.
C
 1000 CONTINUE
      IF(CABS(A(1,1))) 1001,1020,1001
1001  CONTINUE
      NSTOP=0
      B(1)=B(1)/A(1,1)
      IP(1)=1
      RETURN
C
C     ARGUMENT ERROR RETURN.
C
 1010 CONTINUE
      WRITE(6,10) N,N1
      NSTOP=3
      RETURN
C
C     MATRIX IS SINGULAR.
C
 1020 CONTINUE
      WRITE(6,20)
      NSTOP=1
      RETURN
 1030 CONTINUE
      WRITE(6,30) K
      NSTOP=2
      RETURN
   10 FORMAT(1H,'(SUBR,CLINLU) INVALID ARGUMENT.N,N1= ',2I5)
   20 FORMAT(1H,'(SUBR,CLINLU) MATRIX IS SINGULAR.')
   30 FORMAT(1H,'(SUBR,CLINLU) MATRIX IS SINGULAT AT STEP #',I4)
      END
```

```
C
      SUBROUTINE   RADIF
      IMPLICIT COMPLEX  (H)
      PARAMETER  (ND=700)
      COMMON  / RS0  / KHBS,KDR,M,NN,IKK
      COMMON  / RS1  / AL,B,DEP,GRVT,ROW,PAGO,PAI,DISP,IELM
      COMMON  / RS3  / R31(ND),R32(ND),R33(ND)
      COMMON  / RS4  / XG(ND),YG(ND),ZG(ND),A(ND)
      COMMON  / RS5  / ROLL(ND),PITH(ND),YAW(ND)
      COMMON  / RS8  / HPSU(ND),HPSW(ND),HPSH(ND),HPSR(ND),
     *                 HPSP(ND),HPYW(ND)
      COMMON  /  RS21 / AD11,AD22,AD33,AD44,AD55,AD66
      COMMON  /  RS22 / DA11,DA22,DA33,DA44,DA55,DA66
      COMMON  /  RS23 / AD13,AD15,AD24,AD26,AD35,AD46
      COMMON  /  RS24 / DA13,DA15,DA24,DA26,DA35,DA46
      COMMON  /  RS40 / DA31,DA51,AD31,AD51,AD53,DA53
      COMMON                    /                    RSC                    /
HCSU(ND),HCSW(ND),HCSH(ND),HCSR(ND),HCSP(ND),
     .                 HCYW(ND)
      COMMON  /  RS50 / KO
        COMMON  / RS15 / ZZ,CK,SIG
      HTALA=(0.0,0.0)
      HTALB=(0.0,0.0)
      HTALC=(0.0,0.0)
      HTALD=(0.0,0.0)
      HTALE=(0.0,0.0)
      HTALF=(0.0,0.0)
      HXSH=(0.0,0.0)
      HXSP=(0.0,0.0)
      HXWR=(0.0,0.0)
      HXWY=(0.0,0.0)
      HXHP=(0.0,0.0)
      HXRY=(0.0,0.0)
      HXSH1=(0.0,0.0)
      HXSH2=(0.0,0.0)
      HXSH3=(0.0,0.0)
      HXSH4=(0.0,0.0)
```

```
      HXSH5=(0.0,0.0)
      HXSH6=(0.0,0.0)
      HX23=(0.0,0.0)
      HX32=(0.0,0.0)
      HX34=(0.0,0.0)
      DO  2000  II=1,IKK
      HTALA=HTALA+HPSU(II)*R31(II)*A(II)
      HTALB=HTALB+HPSW(II)*R32(II)*A(II)
      HTALC=HTALC+HPSH(II)*R33(II)*A(II)
      HTALD=HTALD+HPSR(II)*ROLL(II)*A(II)
      HTALE=HTALE+HPSP(II)*PITH(II)*A(II)
      HTALF=HTALF+HPYW(II)*YAW(II)*A(II)
2000 CONTINUE
      DO 2100 II=1,IKK
      HXSP=HXSP+HPSU(II)*PITH(II)*A(II)
      HXWR=HXWR+HPSW(II)*ROLL(II)*A(II)
      HXSH2=HXSH2+HPSP(II)*R31(II)*A(II)
      HXSH3=HXSH3+HPSR(II)*R32(II)*A(II)
      HXSH=HXSH+HPSU(II)*R33(II)*A(II)
      HXHP=HXHP+HPSH(II)*PITH(II)*A(II)
      HXRY=HXRY+HPSR(II)*YAW(II)*A(II)
      HXSH1=HXSH1+HPSH(II)*R31(II)*A(II)
      HXSH5=HXSH5+HPSP(II)*R33(II)*A(II)
      HXSH6=HXSH6+HPYW(II)*ROLL(II)*A(II)
      HX34=HX34+HPSH(II)*ROLL(II)*A(II)
      HX23=HX23+HPSW(II)*R33(II)*A(II)
      HX32=HX32+HPSH(II)*R32(II)*A(II)
      HXWY=HXWY+HPSW(II)*YAW(II)*A(II)
      HXSH4=HXSH4+HPYW(II)*R32(II)*A(II)
2100 CONTINUE
      ADC=1.0/(row*DISP)
         ade=1.0/(row*disp*sig)
      AD11=-REAL(HTALA)*ADC
      DA11=-AIMAG(HTALA)*ADe
      AD22=-REAL(HTALB)*ADC
      DA22=-AIMAG(HTALB)*ADe
      AD33=-REAL(HTALC)*ADC
```

```
DA33=-AIMAG(HTALC)*ADe
ADCC=ADC/AL**2
ADCCC=ADC/AL
   adee=ade/al**2
   adeee=ade/al
AD44=-REAL(HTALD)*ADCC
DA44=-AIMAG(HTALD)*ADee
AD55=-REAL(HTALE)*ADCC
DA55=-AIMAG(HTALE)*ADee
AD66=-REAL(HTALF)*ADCC
DA66=-AIMAG(HTALF)*ADee
AD13=-REAL(HXSH)*ADC
DA13=-AIMAG(HXSH)*ADe
DA15=-AIMAG(HXSP)*ADeee
AD15=-REAL(HXSP)*ADCCC
AD24=-REAL(HXWR)*ADCCC
DA24=-AIMAG(HXWR)*ADeee
AD26=-REAL(HXWY)*ADCCC
DA26=-AIMAG(HXWY)*ADeee
AD35=-REAL(HXHP)*ADCCC
DA35=-AIMAG(HXHP)*ADeee
AD46=-REAL(HXRY)*ADCC
DA46=-AIMAG(HXRY)*ADee
AD31=-REAL(HXSH1)*ADC
DA31=-AIMAG(HXSH1)*ADe
AD51=-REAL(HXSH2)*ADCCC
AD42=-REAL(HXSH3)*ADCCC
AD62=-REAL(HXSH4)*ADCCC
AD53=-REAL(HXSH5)*ADCCC
AD64=-REAL(HXSH6)*ADCC
DA51=-AIMAG(HXSH2)*ADeee
DA42=-AIMAG(HXSH3)*ADeee
DA62=-AIMAG(HXSH4)*ADeee
DA53=-AIMAG(HXSH5)*ADeee
DA64=-AIMAG(HXSH6)*ADee
AD23=-REAL(HX23)*ADC
DA23=-AIMAG(HX23)*ADe
```

```
      DA32=-AIMAG(HX32)*ADe
      AD32=-REAL(HX32)*ADC
      AD34=-REAL(HX34)*ADCCC
      DA34=-AIMAG(HX34)*ADeee
      WRITE(6,3000)
 3000 FORMAT(10X,'*****    RADIATION FORCE    *****')
      WRITE(6,3100)
 3100 FORMAT(10X,'AD11              ','AD22              ','AD33              ',
     *'AD44              ','AD55              ','AD66              ',/)
      WRITE(6,3500) AD11 ,AD22,AD33,AD44,AD55,AD66
      WRITE(6,3200)
 3200 FORMAT(10X,'DA11              ','DA22              ','DA33              ',
     *'DA44              ','DA55              ','DA66              ',/)
      WRITE(6,3600) DA11,DA22,DA33,DA44,DA55,DA66
      WRITE(6,3300)
 3300 FORMAT(10X,'AD13              ','AD15              ','AD24              ')
      WRITE(6,3500) AD13,AD15,AD24,AD26,AD35,AD46
      WRITE(6,3400)
 3400 FORMAT(10X,'DA13              ','DA15              ','DA24              ',
     *'DA26              ','DA35              ','DA46              ',/)
      WRITE(6,3600) DA13,DA15,DA24,DA26,DA35,DA46
 3500 FORMAT(2X,'ADD   ',2X,6E18.5,/)
 3600 FORMAT(2X,'DAMP  ',2X,6E18.5,/)
      WRITE(6,3900) AD23,DA23,AD34,DA34
 3900 FORMAT(10X,'AD23=',E18.5,2X,'DA23=',E18.5,2X,'AD34=',E18.5,2X,
     *'DA34=',E18.5,/)
      RETURN
      END
c
c
      SUBROUTINE   EXFOR1(alpha,t)
      IMPLICIT COMPLEX  (H)
      PARAMETER  (ND=700)
      COMMON  / RS0 / KHBS,KDR,M,NN,IKK
      COMMON  / RS1 / AL,B,DEP,GRVT,ROW,PAGO,PAI,DISP,IELM
      COMMON  / RS3  / R31(ND),R32(ND),R33(ND)
      COMMON  / RS4  / XG(ND),YG(ND),ZG(ND),A(ND)
```

```
      COMMON  / RS5   / ROLL(ND),PITH(ND),YAW(ND)
      COMMON  / RS6  / HXXA(ND,ND),HXPA(ND,ND)
      COMMON  / RS8   / HPSU(ND),HPSW(ND),HPSH(ND),HPSR(ND),
     *                HPSP(ND),HPYW(ND)
      COMMON  / RS9   / HEXSU(ND),HEXSW(ND),HEXHV(ND),HEXRO(ND),
     *                HEXPH(ND),HEXYW(ND)
      COMMON  / RS11 / HEP(ND),HEXYZ(ND)
      COMMON  / RS15 / ZZ,CK,SIG
      COMMON  / RS16 / HEF1,HEF2,HEF3,HEF4,HEF5,HEF6
      COMMON  / RS165 / HEF71,HEF72,HEF73,HEF74,HEF75,HEF76
      COMMON  / RS17 / HPD(ND),HAMP(6),AMP(6)
      COMMON  / RS21 / AD11,AD22,AD33,AD44,AD55,AD66
      COMMON  / RS22 / DA11,DA22,DA33,DA44,DA55,DA66
      COMMON  / RS23 / AD13,AD15,AD24,AD26,AD35,AD46
      COMMON  / RS24 / DA13,DA15,DA24,DA26,DA35,DA46
      COMMON  / RS40 / DA31,DA51,AD31,AD51,AD53,DA53
      COMMON  / RSC   / HCSU(ND),HCSW(ND),HCSH(ND),HCSR(ND),HCSP(ND),
     *                HCYW(ND)
      COMMON  / RS70   / HPYWD(ND)
      COMMON  / RS717   / HEDF1(ND),HEDF2(ND),HEDF3(ND),HEDF4(ND),
     *                  HEDF5(ND),HEDF6(ND)
      COMMON  / RS72   / HWE1(ND),HWE2(ND),HWE3(ND),HWE4(ND),
     *                 HWE5(ND),HWE6(ND)
      COMMON  / RS50 / KO
C        COMMON        / SD      / F11,F22,F33,F44,F55,F66
C        PAI=3.141593
      HEF1=(0.0,0.0)
      HEF2=(0.0,0.0)
      HEF3=(0.0,0.0)
      HEF4=(0.0,0.0)
      HEF5=(0.0,0.0)
      HEF6=(0.0,0.0)
      HEF71=(0.0,0.0)
      HEF72=(0.0,0.0)
      HEF73=(0.0,0.0)
         HEF74=(0.0,0.0)
         HEF75=(0.0,0.0)
```

```
         HEF76=(0.0,0.0)
       DO 3000 II=1,IKK
       HEDF1(II)=(0.0,0.0)
       HEDF2(II)=(0.0,0.0)
       HEDF3(II)=(0.0,0.0)
       HEDF4(II)=(0.0,0.0)
       HEDF5(II)=(0.0,0.0)
       HEDF6(II)=(0.0,0.0)
       HWE1(II)=(0.0,0.0)
       HWE2(II)=(0.0,0.0)
       HWE3(II)=(0.0,0.0)
         HWE4(II)=(0.0,0.0)
         HWE5(II)=(0.0,0.0)
         HWE6(II)=(0.0,0.0)
3000 CONTINUE
       DO 3100 II=1,IKK
       HEDF1(II)=HPYWD(II)*R31(II)*A(II)
       HEDF2(II)=HPYWD(II)*R32(II)*A(II)
       HEDF3(II)=HPYWD(II)*R33(II)*A(II)
         HEDF4(II)=HPYWD(II)*ROLL(II)*A(II)
         HEDF5(II)=HPYWD(II)*PITH(II)*A(II)
         HEDF6(II)=HPYWD(II)*YAW(II)*A(II)
       HWE1(II)=HEP(II)*R31(II)*A(II)
       HWE2(II)=HEP(II)*R32(II)*A(II)
       HWE3(II)=HEP(II)*R33(II)*A(II)
         HWE4(II)=HEP(II)*ROLL(II)*A(II)
         HWE5(II)=HEP(II)*PITH(II)*A(II)
         HWE6(II)=HEP(II)*YAW(II)*A(II)
3100 CONTINUE
       DO 3200 II=1,IKK
       HEF71=HEF71+(HEDF1(II)+HWE1(II))
       HEF72=HEF72+(HEDF2(II)+HWE2(II))
       HEF73=HEF73+(HEDF3(II)+HWE3(II))
         HEF74=HEF74+(HEDF4(II)+HWE4(II))
         HEF75=HEF75+(HEDF5(II)+HWE5(II))
         HEF76=HEF76+(HEDF6(II)+HWE6(II))
3200 CONTINUE
```

```
      CALL   POPY(KC,alpha)
      DO   2600   II=1,IKK
      HEXSU(II)=(HEP(II)*R31(II)-HPSU(II)*HEXYZ(II))*A(II)
      HEXSW(II)=(HEP(II)*R32(II)-HPSW(II)*HEXYZ(II))*A(II)
      HEXHV(II)=(HEP(II)*R33(II)-HPSH(II)*HEXYZ(II))*A(II)
      HEXRO(II)=(HEP(II)*ROLL(II)-HPSR(II)*HEXYZ(II))*A(II)
      HEXPH(II)=(HEP(II)*PITH(II)-HPSP(II)*HEXYZ(II))*A(II)
      HEXYW(II)=(HEP(II)*YAW(II)-HPYW(II)*HEXYZ(II))*A(II)
 1500 HEF1=HEF1+HEXSU(II)
      HEF2=HEF2+HEXSW(II)
      HEF3=HEF3+HEXHV(II)
      HEF4=HEF4+HEXRO(II)
      HEF5=HEF5+HEXPH(II)
      HEF6=HEF6+HEXYW(II)
 2600 CONTINUE
 3331 FF11=ROW*GRVT*(AL**2)
      FF44=ROW*GRVT*(AL**3)
      FF111=SQRT(REAL(HEF1)*REAL(HEF1)+AIMAG(HEF1)*AIMAG(HEF1))
      FF222=SQRT(REAL(HEF2)*REAL(HEF2)+AIMAG(HEF2)*AIMAG(HEF2))
      FF333=SQRT(REAL(HEF3)*REAL(HEF3)+AIMAG(HEF3)*AIMAG(HEF3))
      FF444=SQRT(REAL(HEF4)*REAL(HEF4)+AIMAG(HEF4)*AIMAG(HEF4))
      FF555=SQRT(REAL(HEF5)*REAL(HEF5)+AIMAG(HEF5)*AIMAG(HEF5))
      FF666=SQRT(REAL(HEF6)*REAL(HEF6)+AIMAG(HEF6)*AIMAG(HEF6))
C
      FF771=SQRT(REAL(HEF71)*REAL(HEF71)+AIMAG(HEF71)*AIMAG(HEF71))
      FF772=SQRT(REAL(HEF72)*REAL(HEF72)+AIMAG(HEF72)*AIMAG(HEF72))
      FF773=SQRT(REAL(HEF73)*REAL(HEF73)+AIMAG(HEF73)*AIMAG(HEF73))

FF774=SQRT(REAL(HEF74)*REAL(HEF74)+AIMAG(HEF74)*AIMAG(HEF74))

FF775=SQRT(REAL(HEF75)*REAL(HEF75)+AIMAG(HEF75)*AIMAG(HEF75))

FF776=SQRT(REAL(HEF76)*REAL(HEF76)+AIMAG(HEF76)*AIMAG(HEF76))
C
      F11=FF111/FF11
      F22=FF222/FF11
      F33=FF333/FF11
```

```
      F44=FF444/FF44
      F55=FF555/FF44
      F66=FF666/FF44
C
      F71=FF771/FF11
      F72=FF772/FF11
      F73=FF773/FF11
         F74=FF774/FF44
         F75=FF775/FF44
         F76=FF776/FF44
C
      A1=ATAN2(AIMAG(HEF1),REAL(HEF1))
      A2=ATAN2(AIMAG(HEF2),REAL(HEF2))
      A3=ATAN2(AIMAG(HEF3),REAL(HEF3))
      A4=ATAN2(AIMAG(HEF4),REAL(HEF4))
      A5=ATAN2(AIMAG(HEF5),REAL(HEF5))
      A6=ATAN2(AIMAG(HEF6),REAL(HEF6))
C
      A71=ATAN2(AIMAG(HEF71),REAL(HEF71))
      A72=ATAN2(AIMAG(HEF72),REAL(HEF72))
      A73=ATAN2(AIMAG(HEF73),REAL(HEF73))
         A74=ATAN2(AIMAG(HEF74),REAL(HEF74))
         A75=ATAN2(AIMAG(HEF75),REAL(HEF75))
         A76=ATAN2(AIMAG(HEF76),REAL(HEF76))
C
CCC       ef31=real(hef3)
CCC       ef32=aimag(hef3)
      WRITE(6,2111) ALPHA
 2111 FORMAT(/,10X,'*****   ENTRANCE ANGLE   = ',2X,F10.6,/,10X,36(1H-))
      WRITE(6,2201)
 2201 FORMAT(/,10X,'*****    WAVE   EXCITING   FORCE     *****',/)
      WRITE(6,2202)
 2202 FORMAT(24X,'SURGE',9X,'SWAY',10X,'HEAVE',9X,'ROLL',10X,'PITCH',9X,
     *        'YAW')
      WRITE(6,2213) F11,F22,F33,F44,F55,F66
 2213 FORMAT(10X,'EXT.FORCE',2X,6E14.5)
      WRITE(6,2204) A1,A2,A3,A4,A5,A6
```

```
 2204 FORMAT(10X,'PHASE ANG',2X,6E14.5)
C
      WRITE(6,5201)
 5201 FORMAT(/,10X,'*****  DIFF. WAVE  EXCITING  FORCE   *****',/)
      WRITE(6,5202)
 5202 FORMAT(24X,'SURGE',9X,'SWAY',10X,'HEAVE',9X,'ROLL',10X,'PITCH',9X,
     *       'YAW')
      WRITE(6,5213) F71,F72,F73
 5213 FORMAT(10X,'EXT.FORCE',2X,6E14.5)
C
      WRITE(6,5204) A71,A72,A73
 5204 FORMAT(10X,'PHASE ANG',2X,6E14.5)
C
      WRITE(6,2313) ALPHA,F11,F22,F33,F44,F55,F66
 2313 FORMAT(1X,'EF',3X,F10.6,6E14.5)
      WRITE(6,2314) A1,A2,A3,A4,A5,A6
 2314 FORMAT(1X,'PA',13X,6E14.5)
 3400 RETURN
      END

            SUBROUTINE     POPY(KC,ALPHA)
       IMPLICIT COMPLEX        (H)
       PARAMETER       (ND=700)
       COMMON          / RS0   / KHBS,KDR,M,NN,IKK
       COMMON          / RS3   / R31(ND),R32(ND),R33(ND)
       COMMON          / RS4   / XG(ND),YG(ND),ZG(ND),A(ND)
       COMMON          / RS11  / HEP(ND),HEXYZ(ND)
       COMMON          / RS15  / ZZ,CK,SIG
       DD=57.29578
       RN=ALPHA/DD
       DO       130      II=1,IKK
       XG1=XG(II)
       YG1=YG(II)
       ZG1=ZG(II)
       R311=R31(II)
       R322=R32(II)
       R333=R33(II)
```

```
      CKK=CK*ZG1
      EXZ=EXP(CKK)
      HEXZ=CMPLX(EXZ,0.0)
      XGG=XG1*COS(RN)
      YGG=YG1*SIN(RN)
      XYG=(XGG+YGG)*CK
      EXCOS=COS(XYG)
      EXSIN=SIN(XYG)
      HEXX=CMPLX(EXCOS,EXSIN)
      HEP(II)=HEXZ*HEXX
      CCK=CK*COS(RN)
      HCCK=CMPLX(0.0,CCK)
      SSK=CK*SIN(RN)
      HSSK=CMPLX(0.0,SSK)
      HKK=CMPLX(CK,0.0)
      HX=HCCK*HEP(II)
      HY=HSSK*HEP(II)
      HZ=HKK*HEP(II)
      HEXY7(II)=HX*R311+HY*R322+HZ*R333
130   CONTINUE
      RETURN
      END
C
            FUNCTION AJBES(N,X)
C             BESSEL        FUNCTION J
      DOUBLE PRECISION DX,T1,T2,T3,ONE,BJ,Z,D55,S,QJ
C**         CALL OVERFL(KJ)
      DX=X
      ONE=1.0D0
      D55=1.0D-55
      NN=IABS(N)
      XA=ABS(X)
      IF(NN-30000) 8,900,900
8     IF(XA-3.0E4) 9,900,900
9     CONTINUE
      IF(XA-2.0E-5) 1,1,10
1     IF(NN) 3,2,3
```

```
2       AJBES=SNGL(ONE)
        GO TO 1000
3       IF(XA.LE.1.0D-77) GO TO 500
        T1=0.5D0*DX
        T2=ONE
        T3=ONE
        DO 5 I=1,NN
        IF(DABS(T3).LE.1.0D-77*DABS(T2/T1)) GO TO 500
        T3=T3*T1/T2
        T2=T2+ONE
5       CONTINUE
        BJ=T3
        GO TO 300
10      Z=2.0D0/DX
        IF(XA-100.0) 92,91,91
91      L=0.05*XA+28.0
        GO TO 15
92      IF(XA-10.0) 94,93,93
93      L=0.2*XA+28.0
        GO TO 15
94      IF(XA-1.0) 96,96,95
95      L=XA+8.0
        GO TO 15
96      L=9
15      NM=MAX0(NN,IFIX(XA))+L
20      T3=0.0D0
        T2=1.0D-75
        S=0.0D0
        IF(MOD(NM,2)) 22,21,22
21      NM=NM+1
22      DO 100 I=1,NM,2
        K=NM-I+1
        T1=FLOAT(K+1)*T2*Z-T3
        IF(NN-K) 40,30,40
30      QJ=T1
40      K=K-1
        T3=T2
```

```
      T2=T1
      T1=FLOAT(K+1)*T2*Z-T3
      IF(NN-K) 50,45,50
45    QJ=T1
50    S=S+T1
      IF(DABS(S)-1.0D55) 80,60,60
60    T1=T1*D55
      T2=T2*D55
      S=S*D55
      IF(NN-K) 80,70,70
70    QJ=QJ*D55
80    T3=T2
      T2=T1
100   CONTINUE
      S=S+S-T1
      BJ=QJ/S
300   IF(N) 700,600,600
500   AJBES=SNGL(0.0D0)
      GO    TO    1000
600   AJBES=SNGL(BJ)
      GO    TO    1000
700   IF(MOD(NN,2)) 800,600,800
800   AJBES=SNGL(-BJ)
      GO    TO    1000
900   WRITE(6,1001) N,X
      GO TO  500
1000  RETURN
1001  FORMAT(1H,5X,'THE VALUE OF AJBES IS NOT ACCURATE. N= ',I7,' ,X
     1= ',E14.7)
      END
C
      FUNCTION YBES(N,X)
C     BESSEL FUNCTION Y
      IMPLICIT REAL*8 (F)
      DOUBLE PRECISION DX,Z,T1,T2,T3,FKH,S,SS,D55,PI,GAM,AJ0,AJ1,BY,
     1                W,AY,CY,YY
      IF(X) 999,999,11
```

```
11        CONTINUE
          D55=1.0D-55
          PI=0.63661977236758134D0
          GAM=0.57721566490153286D0
          NN=IABS(N)
          IF(NN-30000) 12,997,997
12        IF(X-3.0E4)       13,997,997
13        DX=X
          Z=2.0D0/DX
          IF(X-100.0) 15,14,14
14        NM=1.05*X+28.0
          GO     TO     10
15        IF(X-10.0) 2,1,1
1         NM=1.2*X+13.0
          GO     TO     10
2         IF(X-1.0) 4,3,3
3         NM=2.0*X+7.0
          GO     TO     10
4         IF(X-0.1) 6,5,5
5         NM=9
          GO     TO     10
6         IF(X-2.0E-5) 7,7,8
7         GO     TO     200
8         NM=5
10        T3=0.0D0
          T2=1.0D-75
          S=0.0D0
          SS=0.0D0
          J=MOD(NM,4)+1
          GO     TO     (21,22,23,24),J
21        K=NM+4
          GO     TO     25
22        K=NM+3
          GO     TO     25
23        K=NM+2
          GO     TO     25
24        K=NM+1
```

```
25      FKH=FLOAT(K/2)
30      FK=FLOAT(K)
        T1=FK*T2*Z-T3
        FK1=FLOAT(K-1)
        T3=FK1*T1*Z-T2
        FKH=FKH-1.0D0
        SS=SS+T3/FKH
        S=S+T3
        IF(DABS(S)-1.0D55) 50,40,40
40      T1=T1*D55
        T3=T3*D55
        S=S*D55
        SS=SS*D55
50      FK2=FLOAT(K-2)
        T2=FK2*T3*Z-T1
        FK3=FLOAT(K-3)
        T1=FK3*T2*Z-T3
        IF(K-4) 60,100,60
60      FKH=FKH-1.0D0
        SS=SS-T1/FKH
65      S=S+T1
        IF(DABS(S)-1.0D55) 80,70,70
70      T1=T1*D55
        T2=T2*D55
        S=S*D55
        SS=SS*D55
80      T3=T2
        T2=T1
        K=K-4
        GO      TO      30
100     S=S+S+T1
        AJ0=T1/S
        AJ1=T2/S
        SS=SS/S
        BY=PI*(AJ0*(GAM-DLOG(DABS(Z)))+SS+SS)
        IF(NN) 320,310,320
310     YBES=SNGL(BY)
```

```
      GO TO 1000
320   AY=(AJ1*BY-0.5D0*PI*Z)/AJ0
      IF(NN-1) 340,330,340
330   QY=AY
      GO TO 600
200   W=DLOG(DABS(Z))
      BY=PI*(GAM-W)
      IF(NN) 210,310,210
210   AY=BY/Z-0.5D0*PI*Z
      IF(NN-1) 220,330,220
220   M=69.07755/W
      IF(NN-M) 230,998,998
230   DO 400 I=2,NN
      FI=FLOAT(I-1)
      CY=FI*AY*Z-BY
      BY=AY
      AY=CY
400   CONTINUE
      GO TO 550
340   DO 500 I=2,NN
      IF(AY+1.0D65) 360,360,350
350   FII=FLOAT(I-1)
      CY=FII*AY*Z-BY
      GO TO 370
360   W=AY*1.0D-10
      FII=FLOAT(I-1)
      CY=FII*W*Z-BY*1.0D-10
      IF(DABS(CY).GE.1.0D65) GO TO 998
      CY=CY*1.0D10
370   BY=AY
      AY=CY
500   CONTINUE
550   QY=CY
600   IF(N) 800,700,700
700   YBES=SNGL(QY)
      GO TO 1000
800   IF(MOD(NN,2)) 900,700,900
```

```
900      YBES=SNGL(-QY)
         GO    TO    1000
998      WRITE(6,1001)  N,X
         YY=-1.0D75
         YBES=SNGL(YY)
         GO    TO    1000
999      WRITE(6,1002) N,X
         YY=1.0D75
         YBES=SNGL(YY)
         GO    TO    1000
997      WRITE(6,1003) N,X
         YBES=0.0E0
1000     RETURN
1001     FORMAT(1H,5X,'THE VALUE OF YBES IS OVERFLOW. N= ',I7,' ,X= ',
     1E14.7)
1002     FORMAT(1H,5X,'THE ARGUMENT OF YBES IS INVALID. N= ',I7,' ,X= ',
     1E14.7)
1003     FORMAT(1H,5X,'THE VALUE OF YBES IS NOT ACCURAT. N= ',I7,' ,X= ',
     1E14.7)
         END
C
         SUBROUTINE     EQTION
         IMPLICIT COMPLEX       (H)
         COMPLEX        W
         PARAMETER      (ND=700)
         COMMON         / RS0   / KHBS,KDR,M,NN,IKK
         COMMON         / RS1   / AL,B,DEP,GRVT,ROW,PAGO,PAI,DISP,IELM
         COMMON         / RS15  / ZZ,CK,SIG
         COMMON         / RS36  / ALPHA
         COMMON         / RS21  / AD11,AD22,AD33,AD44,AD55,AD66
         COMMON         / RS22  / DA11,DA22,DA33,DA44,DA55,DA66
         COMMON         / RS23  / AD13,AD15,AD24,AD26,AD35,AD46
         COMMON         / RS24  / DA13,DA15,DA24,DA26,DA35,DA46
         COMMON         / RS40  / DA31,DA51,AD31,AD51,AD53,DA53
         COMMON         / RS45  / AD23,DA23,AD34,DA34
         COMMON         / RS16  / HEF1,HEF2,HEF3,HEF4,HEF5,HEF6
         COMMON         / RS165 / HEF71,HEF72,HEF73,HEF74,HEF75,HEF76
```

```
        COMMON          / ROKO  / KOR
        COMMON          / ROK2  / HBMP(6)
        COMMON          / ANGL  / ANGL
        COMMON          / RS17  / HPD(ND),HAMP(6),AMP(6)
        COMMON          / GEOM /
DIAM,AWP,DRAFT,VCG,XLG,TCG,GML,GMT,
     1                               GI4,GI5,GI6,DH,OZ
        DIMENSION       HCOF(6,6),EFS(6),W(6),IP(6),HCMP(6)
        WRITE(6,1000)
      WRITE(6,1111)
 1000 FORMAT(//,10X,'*****    AMP.   OF   MOTION     *****',/)
 1111 FORMAT(24X,'SURGE',9X,'SWAY',10X,'HEAVE',9X,'ROLL',10X,
     .        'PITCH',9X,'YAW')
        EPS=0.1E-08
        FCO=ROW*GRVT
        SM=ROW*DISP
        SM1=SM*AL
        SM2=SM*AL**2
        A2=SIG*SIG
        C33=FCO*AWP
        C44=FCO*DISP*GMT
        C55=FCO*DISP*GML
        AI4=ROW*GI4*GI4*DISP
        AI5=ROW*GI5*GI5*DISP
        AI6=ROW*GI6*GI6*DISP
        DO      7700    I=1,6
        HAMP(I)=(0.0,0.0)
        DO      7770    J=1,6
        HCOF(I,J)=(0.0,0.0)
7770    CONTINUE
7700    CONTINUE
        HAMP(1)=HEF1*FCO
        HAMP(2)=HEF2*FCO
        HAMP(3)=HEF3*FCO
        HAMP(4)=HEF4*FCO
        HAMP(5)=HEF5*FCO
        HAMP(6)=HEF6*FCO
```

```
      HCOF(1,1)=CMPLX(-A2*(SM+SM*AD11),-A2*SM*DA11)
      HCOF(1,2)=(0.0,0.0)
      HCOF(1,3)=CMPLX(-A2*SM*AD13,-A2*SM*DA13)
      HCOF(1,4)=(0.0,0.0)
      HCOF(1,5)=CMPLX(-A2*(SM1*AD15),-A2*SM1*DA15)
      HCOF(1,6)=(0.0,0.0)
      HCOF(2,1)=HCOF(1,2)
      HCOF(2,2)=CMPLX(-A2*(SM+SM*AD22),-A2*SM*DA22)
      HCOF(2,3)=CMPLX(-A2*SM*AD23,-A2*SM*DA23)
      HCOF(2,4)=CMPLX(-A2*(SM1*AD24),-A2*SM1*DA24)
      HCOF(2,5)=(0.0,0.0)
      HCOF(2,6)=CMPLX(-A2*SM1*AD26,-A2*SM1*DA26)
      HCOF(3,1)=HCOF(1,3)
      HCOF(3,2)=HCOF(2,3)
      HCOF(3,3)=CMPLX(-A2*(SM+SM*AD33)+C33,
     1               -A2*SM*DA33)
      HCOF(3,4)=CMPLX(-A2*SM1*AD34,-A2*SM1*DA34)
      HCOF(3,5)=CMPLX(-A2*SM1*AD35,-A2*SM1*DA35)
      HCOF(3,6)=(0.0,0.0)
      HCOF(4,1)=HCOF(1,4)
      HCOF(4,2)=HCOF(2,4)
      HCOF(4,3)=HCOF(3,4)
      HCOF(4,4)=CMPLX(-A2*(AI4+SM2*AD44)+C44,
     1                 -A2*SM2*DA44)
      HCOF(4,5)=(0.0,0.0)
      HCOF(4,6)=CMPLX(-A2*(SM2*AD46),
     1                 -A2*SM2*DA46)
      HCOF(5,1)=HCOF(1,5)
      HCOF(5,2)=HCOF(2,5)
      HCOF(5,3)=HCOF(3,5)
      HCOF(5,4)=HCOF(4,5)
      HCOF(5,5)=CMPLX(-A2*(AI5+SM2*AD55)+C55,
     1                 -A2*SM2*DA55)
      HCOF(5,6)=(0.0,0.0)
      HCOF(6,1)=HCOF(1,6)
      HCOF(6,2)=HCOF(2,6)
      HCOF(6,3)=HCOF(3,6)
```

```
      HCOF(6,4)=HCOF(4,6)
      HCOF(6,5)=HCOF(5,6)
      HCOF(6,6)=CMPLX(-A2*(AI6+SM2*AD66),
     1              -A2*SM2*DA66)
      DO    4100    I=1,6
      HCMP(I)=HAMP(I)
4100  CONTINUE
      CALL    CLINLU(HCOF,6,6,HCMP,EPS,W,IP,NSTOP)
      DO    10      I=1,6
      HBMP(I)=HCMP(I)
      AMP(I)=CABS(HCMP(I))
      IF(I.GE.4)GO      TO      11
      EFS(I)=ATAN2(AIMAG(HCMP(I)),REAL(HCMP(I)))
      GO      TO      10
11    AMP(I)=AMP(I)/CK
      EFS(I)=ATAN2(AIMAG(HCMP(I)),REAL(HCMP(I)))
10    CONTINUE
      WRITE(6,3050)  (AMP(I),I=1,6)
      WRITE(6,3100)  (EFS(I),I=1,6)
3050  FORMAT(10X,'MOTION  AMP',1X,6E14.5)
3100  FORMAT(10X,'PHASE  ANG',2X,6E14.5)
      WRITE(7,3051)  ALPHA,(AMP(I),I=1,6)
      WRITE(7,3052)  (EFS(I),I=1,6)
3051  FORMAT(1X,'MA',3X,F10.6,6E14.5)
3052  FORMAT(1X,'PA',13X,6E14.5)
      AA=2.0*EFS(3)
      BB=2.0*EFS(2)
      AC=COS(AA)
      BC=COS(BB)
      AS=SIN(AA)
      BS=SIN(BB)
      HTA=CMPLX(AC,AS)
      HTB=CMPLX(BC,BS)
      HA=(HTA-HTB)/2.0
      HB=(HTA+HTB)/2.0
      CT=CABS(HA)
      CD=CABS(HB)
```

```
      WRITE(6,6000)    CT,CD
6000  FORMAT(10X,'CT= ',E12.4, 'CD= ',E12.4)
      RETURN
      END
C
        SUBROUTINE   kensui(io,jo)
      IMPLICIT COMPLEX  (H)
      PARAMETER  (ND=700)
      COMMON  / RS0 / KHBS,KDR,M,NN,IKK
      COMMON  / RS1 / AL,B,DEP,GRVT,ROW,PAGO,PAI,DISP,IELM
      COMMON  / RS3  / R31(ND),R32(ND),R33(ND)
      COMMON  / RS4  / XG(ND),YG(ND),ZG(ND),A(ND)
      COMMON  / RS5  / ROLL(ND),PITH(ND),YAW(ND)
      COMMON  / RS8  / HPSU(ND),HPSW(ND),HPSH(ND),HPSR(ND),
     *                 HPSP(ND),HPYW(ND)
      COMMON  / RS15 / ZZ,CK,SIG
      COMMON  / RS11 / HEP(ND),HEXYZ(ND)
      COMMON  / RS50 / KO
      common  / rok22 / damp1,damp2,damp3,damp4,damp5,damp6
      n=36
      an=2.0*pai/float(n)
      da=0.0
      db=0.0
      dc=0.0
      de=0.0
      df=0.0
      dg=0.0
      do  10  i=1,n
      alph=float(i-1)*an*57.29578
      HEF1=(0.0,0.0)
      HEF2=(0.0,0.0)
      HEF3=(0.0,0.0)
      HEF4=(0.0,0.0)
      HEF5=(0.0,0.0)
      HEF6=(0.0,0.0)
      DO  1116  KC=1,4
      CALL  POPY(KC,alph)
```

```
      DO  2600  II=1,IKK
      IF(KC.EQ.1) GO TO 1000
      IF(KC.EQ.2) GO TO 1100
      IF(KC.EQ.3) GO TO 1200
      IF(KC.EQ.4) GO TO 1300
 1000 HE01=(HEP(II)*R31(II)-HPSU(II)*HEXYZ(II))*A(II)
      HE02=(HEP(II)*R32(II)-HPSW(II)*HEXYZ(II))*A(II)
      HE03=(HEP(II)*R33(II)-HPSH(II)*HEXYZ(II))*A(II)
      HE04=(HEP(II)*ROLL(II)-HPSR(II)*HEXYZ(II))*A(II)
      HE05=(HEP(II)*PITH(II)-HPSP(II)*HEXYZ(II))*A(II)
      HE06=(HEP(II)*YAW(II)-HPYW(II)*HEXYZ(II))*A(II)
      GO  TO  1500
 1100 HE01=-(HEP(II)*R31(II)-HPSU(II)*HEXYZ(II))*A(II)
      HE02=-(HPSW(II)*HEXYZ(II)-HEP(II)*R32(II))*A(II)
      HE03=(HEP(II)*R33(II)-HPSH(II)*HEXYZ(II))*A(II)
      HE04=-(HPSR(II)*HEXYZ(II)-HEP(II)*ROLL(II))*A(II)
      HE05=-(HEP(II)*PITH(II)-HPSP(II)*HEXYZ(II))*A(II)
      HE06=(HPYW(II)*HEXYZ(II)-HEP(II)*YAW(II))*A(II)
      GO TO  1500
 1200 HE01=(HPSU(II)*HEXYZ(II)-HEP(II)*R31(II))*A(II)
      HE02=-(HEP(II)*R32(II)-HPSW(II)*HEXYZ(II))*A(II)
      HE03=(HEP(II)*R33(II)-HPSH(II)*HEXYZ(II))*A(II)
      HE04=-(HEP(II)*ROLL(II)-HPSR(II)*HEXYZ(II))*A(II)
      HE05=(HPSP(II)*HEXYZ(II)-HEP(II)*PITH(II))*A(II)
      HE06=-(HPYW(II)*HEXYZ(II)-HEP(II)*YAW(II))*A(II)
      GO TO 1500
 1300 HE01=-(HPSU(II)*HEXYZ(II)-HEP(II)*R31(II))*A(II)
      HE02=-(HEP(II)*R32(II)-HPSW(II)*HEXYZ(II))*A(II)
      HE03=(HEP(II)*R33(II)-HPSH(II)*HEXYZ(II))*A(II)
      HE04=-(HEP(II)*ROLL(II)-HPSR(II)*HEXYZ(II))*A(II)
      HE05=-(HPSP(II)*HEXYZ(II)-HEP(II)*PITH(II))*A(II)
      HE06=(HPYW(II)*HEXYZ(II)-HEP(II)*YAW(II))*A(II)
 1500 HEF1=HEF1+HE01
      HEF2=HEF2+HE02
      HEF3=HEF3+HE03
      HEF4=HEF4+HE04
      HEF5=HEF5+HE05
```

```
      HEF6=HEF6+HE06
 2600 CONTINUE
 1116 CONTINUE
      da=da+cabs(hef1)**2
      db=db+cabs(hef2)**2
      dc=dc+cabs(hef3)**2
      de=de+cabs(hef4)**2
      df=df+cabs(hef5)**2
      dg=dg+cabs(hef6)**2
   10 continue
      cko=ck*an/(4.0*pai)
      damp1=da*cko
      damp3=dc*cko
      damp4=de*cko
      damp5=df*cko
      damp6=dg*cko
      adc=1.0/disp
      adcc=adc/dep**2
      da111=damp1*adc
      da222=damp2*adc
      da333=damp3*adc
      da444=damp4*adcc
      da555=damp5*adcc
      da666=damp6*adcc
      if(jo.eq.1)  go  to  333
      if(jo.eq.20) go  to  333
      if(jo.eq.40) go  to  333
      if(jo.eq.60) go  to  333
      if(jo.eq.83) go  to  333
      go  to 334
  333 write(6,300) da111,da222,da333,da444,da555,da666
  300 format(10x,'damp= ',6f10.5)
  334 RETURN
      END
c
      SUBROUTINE   SOPA
      IMPLICIT COMPLEX  (H)
```

```
      PARAMETER  (ND=700)
      COMMON  / RS0 / KHBS,KDR,M,NN,IKK
      COMMON  / RS4  / XG(ND),YG(ND),ZG(ND),A(ND)
      COMMON  / RS121 / HTCC1(ND),HTCC2(ND),HTCC3(ND),HTCC4(ND),
     *                  HTCC5(ND),HTCC6(ND),HTCC7(ND)
      COMMON  /  RS11 /  HEP(ND),HEXYZ(ND)
      COMMON  /  RS117 /  HEP7(ND),HEXYZ7(ND)
      COMMON  / BS1 / GTCC21(ND),GTCC22(ND)
      COMMON  / BS2 / GEXX1(ND),GEXX2(ND),GFXX1(ND),GFXX2(ND)
      COMMON  / BS3 / CAP(ND),CBP(ND),CAM(ND),CBM(ND)
      REAL GTCC21,GTCC22,CAKP,CBKP,CAKM,CBKM
C       PAI=3.141593
      DO 35 JJ=1,IKK
      GTCC21(JJ)=REAL(HTCC7(JJ))
      GTCC22(JJ)=AIMAG(HTCC7(JJ))
      GEXX1(JJ)=REAL(HEP(JJ))
      GEXX2(JJ)=AIMAG(HEP(JJ))
      GFXX1(JJ)=REAL(HEP7(JJ))
      GFXX2(JJ)=AIMAG(HEP7(JJ))
C       write(6,39) gtcc21(JJ),gtcc22(JJ),gexx1(JJ),gexx2(JJ),A(JJ)
C   39 format(1h ,5x,5e14.5,)
   35 CONTINUE
      CAKP=0.0
      CAKM=0.0
      CBKP=0.0
      CBKM=0.0
      DO 36 JJ=1,IKK
      CAP(JJ)=GTCC21(JJ)*GEXX1(JJ)*A(JJ)-GTCC22(JJ)*GEXX2(JJ)*A(JJ)
      CAKP= CAKP+CAP(JJ)
      CBP(JJ)=GTCC22(JJ)*GEXX1(JJ)*A(JJ)+GTCC21(JJ)*GEXX2(JJ)*A(JJ)
      CBKP= CBKP+CBP(JJ)
C
      CAM(JJ)=GTCC21(JJ)*GFXX1(JJ)*A(JJ)+GTCC22(JJ)*GFXX2(JJ)*A(JJ)
      CAKM= CAKM+CAM(JJ)
      CBM(JJ)=GTCC22(JJ)*GFXX1(JJ)*A(JJ)-GTCC21(JJ)*GFXX2(JJ)*A(JJ)
      CBKM= CBKM+CBM(JJ)
C
```

```
   36 CONTINUE
      TRAN=SQRT((1-CBKM)**2+CAKM**2)
      REFL=SQRT(CBKP**2+CAKP**2)
      WRITE(6,37) TRAN
  37  FORMAT(5X,'TRANSMISSION COEFFICIENT = ',2X,F8.4)
      WRITE(6,38) REFL
  38  FORMAT(7X,'REFLECTION COEFFICIENT = ',2X,F8.4)
      RETURN
      END

C
         SUBROUTINE DRIFT
         IMPLICIT COMPLEX          (H)
         PARAMETER         (ND=700)
         COMMON            / RS0   / KHBS,KDR,M,NN,IKK
         COMMON            / RS1   / AL,B,DEP,GRVT,ROW,PAGO,PAI,DISP,IELM
         COMMON            / RS3   / R31(ND),R32(ND),R33(ND)
         COMMON            / RS4   / XG(ND),YG(ND),ZG(ND),A(ND)
         COMMON            / RS5   / ROLL(ND),PITH(ND),YAW(ND)
         COMMON            / RS8   / HPSU(ND),HPSW(ND),HPSH(ND),HPSR(ND),
     1                               HPSP(ND),HPYW(ND)
         COMMON            / RS9   /
HEXSU(ND),HEXSW(ND),HEXHV(ND),HEXRO(ND),
     1                               HEXPH(ND),HEXYW(ND)
         COMMON            / RS10  / HDOF(ND),HDOP(ND)
         COMMON            / RS17  / HPD(ND),HAMP(6),AMP(6)
         COMMON            / RS11  / HEP(ND),HEXYZ(ND)
         COMMON            / RS15  / ZZ,CK,SIG
         COMMON            / RS36  / ALPHA
         IN=36
         AS=0.0
         AO=2.0*PAI
         AH=(AO-AS)/FLOAT(IN)
         FDRX=0.0
         FDRY=0.0
         DO       3003     I=1,IN
         THH=FLOAT(I-1)
```

```
      TH=AH*THH
      HDR1=(0.0,0.0)
      HDR2=(0.0,0.0)
      HDR3=(0.0,0.0)
      HDR4=(0.0,0.0)
      HDR5=(0.0,0.0)
      HDR6=(0.0,0.0)
      HDR7=(0.0,0.0)
      HDRR1=(0.0,0.0)
      HDRR2=(0.0,0.0)
      HDRR3=(0.0,0.0)
      HDRR4=(0.0,0.0)
      HDRR5=(0.0,0.0)
      HDRR6=(0.0,0.0)
      HDRR7=(0.0,0.0)
      DO    3004    II=1,IKK
      CALL  DDIFT(K,TH,XFO,YFO,II)
      HPD(II)=(HDOF(II)+HPD(II))*HDOP(II)*HEXYZ(II)*A(II)
C
      HDR11=(HDOF(II)*R31(II)-HPSU(II)*HDOP(II))*A(II)
      HDR22=(HDOF(II)*R32(II)-HPSW(II)*HDOP(II))*A(II)
      HDR33=(HDOF(II)*R33(II)-HPSH(II)*HDOP(II))*A(II)
      HDR44=(HDOF(II)*ROLL(II)-HPSR(II)*HDOP(II))*A(II)
      HDR55=(HDOF(II)*PITH(II)-HPSP(II)*HDOP(II))*A(II)
      HDR66=(HDOF(II)*YAW(II)-HPYW(II)*HDOP(II))*A(II)
      HDR77=(HDOF(II)*HEXYZ(II)-HPD(II)*HDOP(II))*A(II)
C
      HDRR1=HDRR1+HDR11
      HDRR2=HDRR2+HDR22
      HDRR3=HDRR3+HDR33
      HDRR4=HDRR4+HDR44
      HDRR5=HDRR5+HDR55
      HDRR6=HDRR6+HDR66
      HDRR7=HDRR7+HDR77
3004  CONTINUE
      HDR1=HDR1+HDRR1
      HDR2=HDR2+HDRR2
```

```
      HDR3=HDR3+HDRR3
      HDR4=HDR4+HDRR4
      HDR5=HDR5+HDRR5
      HDR6=HDR6+HDRR6
      HDR7=HDR7+HDRR7
C
      HDRE=(HDR1*AMP(1)+HDR2*AMP(2)+HDR3*AMP(3)+
     1HDR4*AMP(4)+HDR5*AMP(5)+HDR6*AMP(6))*SIG
      HDRO=-HDR7*SIG/CK
      HDRR=HDRE+HDRO
      RR1=REAL(HDRR)
      RR2=AIMAG(HDRR)
      FIR=RR1*RR1+RR2*RR2
      FDR=FIR*XFO
      FDRO=FIR*YFO
      FDRX=FDRX+FDR
      FDRY=FDRY+FDRO
3003  CONTINUE
      FDRX=AH*FDRX
      FDRY=AH*FDRY
      FDC=CK*CK/(8.0*PAI)
      GCL=GRVT*AL
      CDX=FDC*FDRX/GCL
      CDY=FDC*FDRY/GCL
      WRITE(7,7557)CDX,CDY
7557  FORMAT(1X,'CDX= ',E14.5,5X,'CDY= ',E14.5)
      RETURN
      END
C
      SUBROUTINE DDIFT(K,TH,XFO,YFO,II)
      IMPLICIT COMPLEX      (H)
      PARAMETER     (ND=700)
      COMMON        / RS0   / KHBS,KDR,M,NN,IKK
      COMMON        / RS3   / R31(ND),R32(ND),R33(ND)
      COMMON        / RS4   / XG(ND),YG(ND),ZG(ND),A(ND)
      COMMON        / RS10  / HDOF(ND),HDOP(ND)
      COMMON        / RS15  / ZZ,CK,SIG
```

```
COMMON              / RS36   / ALPHA
DD=57.29578
RC=COS(ALPHA/DD)
RS=SIN(ALPHA/DD)
XCOS=COS(TH)
YSIN=SIN(TH)
XFO=RC-XCOS
YFO=RS-YSIN
XG1=XG(II)
YG1=YG(II)
ZG1=ZG(II)
R311=R31(II)
R322=R32(II)
R333=R33(II)
CKK=CK*ZG1
EXZ=EXP(CKK)
HEXYZ=CMPLX(EXZ,0.0)
XYT=(XG1*XCOS+YG1*YSIN)*CK
XYC=COS(XYT)
XYS=SIN(XYT)
HECS=CMPLX(XYC,XYS)
HDOF(II)=HEXYZ*HECS
CKXC=-CK*XCOS
CKSY=-CK*YSIN
HDX=CMPLX(0.0,CKXC)*HDOF(II)
HDY=CMPLX(0.0,CKSY)*HDOF(II)
HDZ=CMPLX(CK,0.0)*HDOF(II)
HDOP(II)=HDX*R311+HDY*R322+HDZ*R333
RETURN
END
```

부록 주요해양구조물 건조 사례

1. 초대형 해양구조물

1) 아쿠아폴리스(Aqua Police)

설치년도 및 장소: 1975년 ; 일본 오키나와현 해역
주요요목 : L×B×D = 104×100×32(m)
배수량(반잠수시) : 28,000 ton
형식 : 4 Low Hull, 반잠수형
성 능 :

갑판면적	주갑판	5,819.8 ㎡
	중갑판	2,116.2 ㎡
	상갑판	8,180 ㎡
주상갑판허용적재하중		5,000 ton 이하
허용수용인원(관객수)		2,000 명(최대 2,400 명)
종업원(개관시)		총 40 명

오키나와 국제해양박람회의 정부출전전시물로, 미래 해양도시를 상상한 관광객을 수용하는 대형 부유식 해양구조물이다.

2) 석유비축기지

설치년도 및 장소 : 1998년, 일본 Nagasaki Minamimachi kamikoto 해역

주요요목 : L×B×D = 390×97×27.6(m)

비축시설 용량 :약 440만 kl (약88만 kl × 5척)

성 능 : 부유식 해상탱크방식에 의한 세계최초의 부유식 석유비축기지시스템으로 되어있다. 이 비축시스템은 매립지와 방파제에 의해서 평온한 정박지를 확보하고, 여기에 저장선을 병렬로 배치해서, 각 저장선을 방파제로 둘러 샀다. 1988년 9월말 해상탱크 5척의 저장 및 거주 등 시설이 완성되고, 2001년 12월 말에 약 343만 킬로리터의 원유가 보관되었다. 그 주요시설의 개요는 다음과 같다.

<table>
<tr><td rowspan="2">저장선</td><td rowspan="2">펌프방식</td><td>조유펌프(2,500 ㎥/hr×2기/척)</td></tr>
<tr><td>해수펌프(1,500 ㎥/hr×2기/척)</td></tr>
<tr><td rowspan="4">환경보존설비</td><td>배수처리설비</td><td>100㎥/hr</td></tr>
<tr><td>가드베이스</td><td>400㎥×1기, 140㎥×1기</td></tr>
<tr><td colspan="2">원유가스처리시설</td></tr>
<tr><td>그랜드후레아스탁</td><td>11,000㎥/hr</td></tr>
</table>

<table>
<tr><td rowspan="6">항만시설</td><td>북방파제(케이슨식)</td><td>500m</td></tr>
<tr><td>남방파제(케이슨식)</td><td>450m</td></tr>
<tr><td rowspan="2">저장선계류설비</td><td>하역계선돌핀×5기</td></tr>
<tr><td>계선돌핀×6기</td></tr>
<tr><td rowspan="2">방유제</td><td>1차부방유제조</td></tr>
<tr><td>2차부방유제겸부방동제</td></tr>
<tr><td rowspan="3">입출하역설비</td><td colspan="2">30만DWT급돌핀다입시바스</td></tr>
<tr><td>로딩암</td><td>16B×3기</td></tr>
<tr><td>원유이송배관</td><td>48B×1체 약 2,000m</td></tr>
<tr><td rowspan="4">용역설비</td><td>자가발전설비</td><td>1,900kw×3기</td></tr>
<tr><td>수전설비</td><td>750kw</td></tr>
<tr><td>용수탱크</td><td>50㎥×2기</td></tr>
<tr><td>해저배관</td><td>3B×2,200m</td></tr>
<tr><td rowspan="10">방소화설비</td><td>해수펌프</td><td>1,500㎥×3기</td></tr>
<tr><td colspan="2">포방화설비</td></tr>
<tr><td>갑판상의 모니터노즐</td><td>24기/1척</td></tr>
<tr><td>저장선내의 포방출구</td><td>175개/1척</td></tr>
<tr><td>불연성가스공조설비</td><td>12,500㎥/hr</td></tr>
<tr><td>대형화학소방자동차</td><td>1대</td></tr>
<tr><td>소방선겸예선</td><td>1척</td></tr>
<tr><td>오일펜스전장선겸통선</td><td>2척</td></tr>
<tr><td>방화지휘선</td><td>1척</td></tr>
<tr><td>오일펜스바지</td><td>1척</td></tr>
<tr><td rowspan="6">감시제어시설</td><td colspan="2">조업감시·제어설비(광화이바케이블)</td></tr>
<tr><td colspan="2">방화감시·제어설비(광화이바케이블)</td></tr>
<tr><td colspan="2">기름 누설 검지설비</td></tr>
<tr><td colspan="2">공업용 텔레비전감시설비</td></tr>
<tr><td colspan="2">해역감시레이더설비</td></tr>
<tr><td colspan="2">기상해상관측정보처리설비</td></tr>
</table>

3) 메가플로트(Mega Float)

설치년도 및 장소 :

주요요목 : L×B×D = 1000×60(최대121)×3(m)

흘수 : 1 m , 면적 : 84,000㎡ (세계최대: 기네스증서취득)

성 능 :

강재중량	약 40,000 ton	
갑판강도	분포하중	6ton/㎡
자연조건 (10년재현기대치)	바람	32m/s
	충파	3m×5.8sec(북북동)
계류장치	계류돌핀	6기
도장·포장	상갑판	아스팔트포장
	측벽	염화콤도장
	선저	tarepoxy 및 전기방식
제조자	Mega Float기술연구조회	

2.관광 레져

1) 박물관 겸 해상호텔「퀸·메리」

설치년도 및 장소 : 1929년도, 현재 켈리포니아주 롱비치항(미국) 정박

주요요목 : L×B = 3108×36.2(m)

성 능 : 본선은 1936년 영국에서 건조된 호화객선으로서 한 시대를 풍미한 것이지만, 현재 미국 롱비치에 영구 계류되어 박물관 겸 해상호텔로 이용되고 있음.

2) 해중전망탑

설치년도 및 장소 : 1971년 : 일본 고치현 해역

주요요목 : H×R = 24.3×10(m)

성　　능 : 해저고정식의 강제 어류·해중경관 관찰 장치로서, 관광객이 어류, 해중 경관을 관찰할 수 있도록 되어있음.
주요특성으로는 해안의 경관과 조화하는 외관설계를 채용하였고, 신규 개발된 강화유리를 채용하였음.

3) 부유식 레스토랑「Jumbo」

설치년도 및 장소 : 1976년 : Shum Wan, Aberdeen, Hong Kong

주요요목 : L×B = 250×21.5(m)

성　능 : 홍콩에는 많은 부체 레스토랑이 있지만 「Jumbo」는 가장 크고 화려한 것으로 본체 3층 Deck 위에 다시 3층의 특별실이 있다. 1971년에 화재가 있은 후 방재, 소화설비에 주력하여 개장했다. 개장비는 3200만 홍콩달러가 소요되었음.

마치 용궁성을 생각하게 하는 호화로운 건물로 해안에 있는 잔교로부터 장식한 나룻배로 손님을 운반하며, 본체에 부속하여 물고기의 활어 수조가 있음.

4) 어초를 겸한 바다낚시공원

설치년도 및 장소 : 1975년 : 일본 효고현 해안

주요요목 : 낚시장 - L×B = 10×10(m), 잔교 - L×B = 240×4(m)

성　　능 : 해상 레크리에이션시설로서 계획된 강제 바다낚시시설 겸 어초. 일반시민의 레크리에이션 장소로써 바다낚시터를 제공함과 동시에 시설자체가 대규모 어초의 기능도 겸함.

구조물은 특징은 공장제작에 있어, 완전 유니트화를 실현하였고, 주각(柱脚)부 조인트의 해체에 의해 용이하게 이설이 가능함.

5) 해상레스토랑

설치년도 및 장소 : 1983년 : 일본 사가현 해역

주요요목 : L×B×D×d = 20×15×3.6×2.6(m)

성　　능 : 해중, 해상에 객석을 만들고, 또 중앙부에 활어조를 설치한 본격적 해상레스토랑이다.

해중부에 객석을 만들어 외해를 헤엄치는 물고기를 바라보며 식사할 수 있으며, 미니 수족관으로서 호평을 얻고 있음.

최대 수용인원(객석)은 지하(해중부) 104, 1층(해상부) 100, 옥상 30, 합계 234석.

6) FOUR SEASONS 해상호텔

설치년도 및 장소 : 1987년 : 베트남 호치민시 사이공강

주요요목 : L×B×D = 89.2m×27.6m×27.2m

성　능 : 해상의 쾌적한 생활을 즐기고, 해양레저, 스포츠시설의 편리성을 만끽하며, 게다가 환경 보존용 시설을 설치할 수 있다는 장점을 살려 해상에 부유식 호텔안에서 72km 떨어진 수심 6~10m의 베리어 리프(Great Barrier Reef)에 설치 되었있음.

7) 로얄 포에닉스(Royal Phoenix)

설치년도 및 장소 : 1992년 : 일본 히로시마 구레

주요요목 : L×B×D = 128×38×3(m) , 강선구조

성　　능 : 극장, 레스토랑으로 사용하고 있으며, 계류형식은 돌핀계류로 되어 있음.

3. 부유항만 시설

1) 사카이가하마 부유식 인공섬

설치년도 및 장소: 1989년 : 일본 히로시마 해역

주요요목 : L×B = 130×40(m)

성　　능 : 일본 히로시마의 사카이가하마 부유식 인공섬, 강제 상자형 구조를 적용했으며 수족관, 다목적 광장으로 사용되고 있음.

계류방식은 체인계류방식을 채택하고 있음.

4. 해양설비(Barge Mounted Plants)

1) 가스터빈 발전바지 (K-BMPP)

설치년도 및 장소 : 1979년 : Khulna, Bangladesh

주요 요목 : L×B×D×d = 46.6×16.4×4.0×2.8(m)

- 발전능력 : 56000㎾(상용)
- 원동기 : IM5000형 가스터빈, 출력 37800㎾ 2기
- 발전기 : 개방공냉 2극 브러시레스 여자(勵磁)식, 출력 37500㎸A/11000V 2기
- 설계조건 : 최대풍속 = 61.7m/sec, 하천유속 = 3노트

성 능 : 바지위에 가스터빈발전 장치 2기, 주 트란스 1기, 보조기계류, 반류(盤類), 연료탱크 등 발전바지로서 필요한 기기를 모두 탑재하고 현지까지 예항하고 계류 하여 부체 위에서 가동하고 있다. 하천에 계류되므로 흘수의 제한이 있어 경량소형으로 대출력의 가스터빈이 최적이다. 계류방식은 슬라이딩가이드 방식을 채택하고 있음.

2) 펄프플랜트바지

설치 년도 및 장소 : 1978년 : Munguba, Para주(Brazil)

주요요목 :

- 펄프플랜트 바지 : L×B×D = 260.0×45.0×14.5(m)
- 파워플랜트 바지 : L×B×D = 220.0×45.0×14.5(m)
- 생산능력 : 일생산 750톤(연간 350일 가동)
- 설계조건 : 풍속 = 50m/sec(최대), 기온 = 32℃(연간평균),
  습도 = 80%(연간평균), 예항시 횡동요 15°(8.5초), 종동요 4°(5초)

성능 : 아마존의 오지에 펄프플랜트공장을 건설하는 것에 대해서 현장에 기재를 반입하여 건조하는 것보다 충분한 설비가 있는 공장에서 바지 위에 플랜트를 건설하고 이것을 바지채로 고정시키는 방법을 취했다. 플랜트는 펄프플랜트와 파워플랜트로 나누고 2척의 바지 위에 건설하여 현지에 고정후 결합했다. 최종적으로는 아마존하안을 굴삭하고 그곳으로 예인하여 항상(抗上)에 설치하였으므로 가동상태에서는 부유식이 아니다. 그러나 바지는 일본에서 브라질까지의 장거리를 약 3개월에 걸려 항해하기 때문에 바지의 강도는 내항성을 고려하여 설계되어 있음.

3) 담수화플랜트바지「Ghumisah」

설치 년도 및 장소 : 1981년 : 사우디아라비아 쥬베르 해역

주요요목 : L×B×D = 70×40×15.5(m)

- 주발전기 : 2100㎾×2기
- 증기발생기 : 65000kg/h×2
- 조수플렌트용량 : 400㎥/h×2

성능 : 비자항(非自航)의 바지위에 자가발전장치, 증기발생기 및 19200㎥/일의 다단식 담수화장치를 설치한 부체식 플렌트 바지이다. 조선소에서 완전히 조립된 후, 현지로 회항되어 착저 계류되었다. 동형선 1척이 1982년 10월 완성, 양브에서 가동중임.

4) 폴리에틸렌 플랜트 바지

설치년도 및 장소 : 1981년 : Bahia Blanca, Argentina

주요요목 : L×B×D = 89.0×22.5×6.0(m)

성능 : 반응탑 등 폴리에틸렌 제조용 설비들을 바지 위에 탑재하고 부유·계류 상태로 육상에서 전력·원료 등의 공급을 받으며 가동한다. Union Carvide CORP.가 개 발한 저압폴리에칠렌 제조법에 의한 플렌트를 탑재. 반응탑등의 중량·진동 및 건조공장에서 현지까지의 해상운송시의 동요가속도에 견딜 수 있는 구조로 건조 되었으며, 제조 능력은 연간 약120,000톤 생산.

5) 청소적체(積替)시설

설치 년도 및 장소 : 1973년 : 일본 江東10호지

주요요목 :

- 부도크 : 길이 68m, 폭 22m, 깊이 11.5m, 흘수 3.15m
- 폐기물운반정 : 길이 70m, 폭 13.7, 깊이 3.5m, 흘수 2.6m, 직재중량 750t
- 폐기물운반정 예항용 예인선 : 길이 25m, 깊이 3.7m, 흘수 2.6m, 주기 950ps×2기
- 쓰레기적체능력 : 3000t/일

성 능 : 부도크 대선방식이라 명명되는 적체시스템으로 대량의 쓰레기를 해상이동이 가능한 운반정을 이용하여 임해지구의 어디에라도 이송할 수 있다. 부도크에는 효율증대를 위하여 쓰레기를 바꾸어 싣기 위해 유압가동에 의한 가동바닥이 만들어져있다. 청소적체시설은 폐기물을 수집차로부터 배로 적체하여 소정의 매립 처리지까지 해상운송하는 것으로 부(浮)도크 1척, 정(艇) 4척, 예인선 2척으로 편성되어 있다. 부도크는 해저에 고정되어 중계기지로서 쓰레기 집수차로부터 운반 선으로 바꾸어 싣는다.

6) 발전설비 바지(Power Generating Plant Barge)

설치 년도 및 장소 : 2000년 : 콜롬보항구, 스리랑카

주요요목 : L×B×d = 62.4×36.0×5.5(m)

- 총높이 : 41.29m
- 총톤수 : 11400ton
- 주엔진 출력 : 16100 kW×4기
- 주발전기 용량 : 19602 kVA×4기

성능 :

7) 해수처리 프랜트 바지(Seawater Treatment Plant)

설치 년도 및 장소 : 1983년 : Prudhoe Bay, Alaska

주요요목 : L×B×D×d =

성능 : 1983년 대우중공업에서 건조한 세계 최대 규모의 Seawater Treatment Plant로서 해수처리능력은 2.2만 배럴/일이다.

5. 군사시설 및 교량

1) 해상 군사 기지 (Mobile Offshore Base)

설치년도 및 장소: 미정

주요요목 : 길이 2 km,

성능: MOB는 모듈로 구성되어 있는 해상 군사 베이스로 작전지역에 배치되어 미국 및 연합군의 군사작전에 필요한 공중, 해상 지원을 목적으로 구상되었다. MOB는 반 잠수식 형태로 되어 있어 파랑에 의한 동요가 작다. MOB에는 비행기의 이착륙을 위한 6,000ft 길이의 활주로가 있으며, 약 3 million square feet의 장비 저장고, 10 million 갤론의 연료와 약 3천명의 인원이 거주할 수 있게 되어 있다. 디자인 수명은 40년으로 설계되어 있다.

2) 실허스 (Shlhus) 부유교량

설치년도 및 장소 : 1994년 : 노르웨이

주요요목: 1,246m L x 15.9 m B (2차선) x 16.6 m H, 수심 500 m

성능: 강제 8각 상자형 구조. 상부구조물이 10개의 콘크리트 폰툰 구조에 의해 지지된다.

6. 석유시추 및 생산관련 구조물

1) 반잠수식 석유시추선

이 름	Deep Water "Nautilus" & "Horizon" 반잠수식 Drilling Rig
선 주	R & B Falcon, USA
설치 장소	미국, 멕시코만
설치 수심	
수행 범위	설계, 구매, 제작
제 원	RBS 8M – Deepwater NAUTILUS – 크기 : 114 x 78 x 40m – 중량 : 25,500 ton RBS 8D – Deepwater Horizon – 중량 : 27,000 ton – 크기 : 114 x 78 x 40m
공사기간	1997. 11월 ~ 2000. 5월 (RBS-8M) 1998. 12월 ~ 2001. 2월 (RBS-8D)

2) FPSO

이　름	KIZOMBA 'A' FPSO
선　주	Exxon Mobil
설치 장소	앙골라 Kizomba Field, Block 15
설치 수심	1,200m
수행 범위	설계, 구매, 제작
제　원	- 하부구조물크기 : 285mx63mx32.3m - 거주구 수용인원 : 100명 - 상부구조물 : 33,300 ton - 하부구조물 : 56,300 ton
공사기간	2001. 7월 ~ 2004. 6월

3) FPSO

이 름	Girassol FPSO
선 주	Elf Exploration Angola
설치 장소	앙골라, Girassol Field, Block 17
설치 수심	1,400m
수행 범위	설계, 구매, 제작
제 원	- 저장용량 : 2 Mil. Bbl - 하부구조물크기 : 300x59.8x30.5m - 거주구 수용인원 : 140명
공사기간	1999. 7월 ~ 2001. 2월

4) FPSO

이 름	AMENAM/KPONO "Unity" FSO
선 주	Elf Nigeria Ltd.
설치 장소	나이지리아, Della Eastern Part
설치 수심	61m
수행 범위	설계, 구매, 제작
제 원	- 저장용량 : 2.4 Mil. Bbl - 하부구조물 크기 : 298 x 62 x 32m
공사기간	2000. 9월 ~ 2002. 12월

5) 석유시추선(TLP)

이 름	Deep Water "Nautilus" & "Horizon" 반잠수식 Drilling Rig
선주사	Unocal Indonesia
설치 장소	인도네시아 East Kalimantan
설치 수심	975m
수행 범위	일괄발주
제원	TLP - 하부구조물 : 5,200 ton - 상부구조물 : 2,500 ton - Tendon (26in, 955m) : 4,300 ton (8 set) - Riser (13.4in, 995m) : 4,450 ton (28 set) FPU - 하부구조물 (152 x 38 x 10m) : 6,100 ton - 상부구조물 : 5,800 ton
공사기간	2001. 8월 ~ 2003. 4

6) FPSO

이 름	Ship Conversion into Two FPSO (P-33 & P-35)
선주사	PETROBRAS
설치 장소	Marlim Field, the Campos Basin, Brazil
설치 수심	780 / 860 m
수행 범위	설계, 구매, 제작
제원	Dimension (LxWxD): 320 x 54.5 x 27.8m(P-33) 320 x 54.5 x 28m(P-35) Lightship Weight :57,000M.Ton 63,500M.Ton 50,000 / 100,000 BOPD
공사기간	P-33 : Apr. 1996 ~ Jun.1998 P-35 : Jun. 1996 ~ Dec. 1998

7) 인장각식 석유시추선

이 름	Harding TPG-500 Jack-up PDQ Platform
선주사	BP
설치 장소	Harding Field, North Sea, UK
설치 수심	150 m
수행 범위	설계, 구매, 제작
제원	Hull Hull :18,800 M.Ton, 89m x 103m x 9m Leg :5,500 M.Ton, 123m-Height Total Weight :24,300 M.Ton 100,000 BOPD
공사기간	Mar.1993 ~ Jul.1995

8) 석유생산 Jacket

이 름	SOUTH PARS
선 주	PETRO PARS
설치 장소	Gulf of Persia
설치 수심	60~70m
수행 범위	EPC, 기본설계
제 원	중량:13,440ton
공사기간	1999.7~

9) FPSO

이　름	아그바미 FPSO
선　주	ChevronTexaco
설치 장소	나이지리아 아그바미 Field
설치 수심	1,433m
수행 범위	설계, 구매, 제작
제　원	Dimension (LxWxD): 320 x 59 x 32m Lightship Weight : 100,000M.Ton 저장용량 : 2.16 Mil. Bbl 선가-9억7천800만 달러
공사기간	2006.2월 ~ 2007. 8월

10) FPSO

이　름	달리아 FPSO
선　주	Total(프랑스)
설치 장소	앙골라 달리아 Field
설치 수심	1,400m
수행 범위	설계, 구매, 제작
제　원	Dimension (LxWxD): 300 x 60 x 60m Lightship Weight : 83,000M.Ton 저장용량 : 2.16 Mil. Bbl 선가-1억3천500만 달러
공사기간	2004년 ~ 2006. 2월

11) TLP

이 름	THUNDER HORSE
선 주	BP
설치 장소	미국, 멕시코만
설치 수심	
수행 범위	프로젝트 관리, 설계, 자재구매, 제작, 아웃소싱, 운송 등 공사 전반을 담당
제 원	-중량 : 60,000 ton -크기 : 122.9 x 105.0 x57.2m
공사기간	2001년~2004.5월

11) Jacket

이 름	벵구에나 벨리제
선 주	셰브론
설치 장소	앙골라 벵구엘라 벨리제 해상
설치 수심	400m
수행 범위	턴키 방식
제 원	- 중량 : 85,000 ton - depth:490m
공사기간	2003.4~2005.11월

12) FPSO

이 름	Bonga FPSO
선 주	SNECO
설치 장소	Bonga field, Nigeria
설치 수심	3500ft
수행 범위	EPC Hull
제 원	-크기:305.1 x 295 x 58m -저장용량 : 2.0 Mil. Bbl
공사기간	2003.4~2005.11월

13) FPSO

이 름	Modec FPSO
선 주	Modec Inc
설치 장소	Studen Field , vietnam
설치 수심	155ft
수행 범위	EPC Hull, Top side
제 원	-저장용량 : 1.0 Mil. Bbl
공사기간	2002.3~2003.9월

14) FPSO

이 름	White Rose FPSO
선 주	Husky oil operation limited
설치 장소	White Rose field, Canada
설치 수심	12,000ft
수행 범위	EPC Hull
제 원	-저장용량 : 0.94 Mil. Bbl
공사기간	2001.6~2003.12월

15) TLP

이 름	Modec TLP
선 주	Modec Inc
설치 장소	gulf of MEXICO
설치 수심	
수행 범위	construction design procurement fabrication hook-up&commissioning
제 원	-중량: 5600ton
공사기간	2002.7~2003.7월

16) TLP

이 름	Na Kika Semi-Submersible Floating Production Unit (FPU)
선 주	shell
설치 장소	gulf of MEXICO
설치 수심	1,920m
수행 범위	설계, 구매, 제작
제 원	-상부구조물: 13,000 ton -하부구조물: 19,000 ton -거주구: 60 명
공사기간	2001.2~2003.1월

17) Semi - Rig

이 름	Amethyst
선 주	petrodrill offshore inc.
설치 장소	
설치 수심	1,500m
수행 범위	설계, 구매, 제작
제 원	-중량 : 9,273 Mt -데크크기 : 73.3Ml x 48.6Mb
공사기간	1998.4~2000.12월

18) 생산용 Jacket

이 름	Santa Ynez Unit Development Project
선 주	EXXON mobile.
설치 장소	미국,Santa Barbara Channel. CA
설치 수심	
수행 범위	상세설계, 구매, 제작
제 원	Harmony Jacket : 39,700 ton (118m x 91m x 375m) Heritage Jacket : 32,300 ton (110m x 85m x 334m)
공사기간	1985.7~1989.4월

19) 화학 플랜트

이　름	Bayu-Undan DPP CUQ Topsides
선　주	Phillips Petroleum Pty. Ltd
설치 장소	호주, North West Darwin
설치 수심	
수행 범위	상세설계, 구매, 제작
제　원	DPP Topside(Drilling, Production Processing) : 14,000 ton CUQ Topside(Compressor, Utilities & Quarters) : 12,000 ton
공사기간	2000.10~2003.7월

20) 갑판승강식

이 름	West Natuna Sea Development project
선 주	Conoco, Indonesia Inc.
설치 장소	인도네시아 Natuna Field Block
설치 수심	
수행 범위	일괄발주
제 원	Jack-up Type P/F(MogPU) 중량- 23,150ton
공사기간	1999.2~2001.5월

21) 갑판승강식

이 름	Harsh environment Jack-up Drilling Rigs #1
선 주	Ap Moller, Denmark
설치 장소	북해
설치 수심	
수행 범위	EPC
제 원	하부구조물 크기: 89x102x11.5m 높이: 205m 거주 구: 120명 중량: 28,870ton
공사기간	2000.4~2002.6월

22) 생산용 Platform

이　름	Hanze F2A production platform
선　주	Veba oil Netherlands B.V
설치 장소	북해, 독일령 Hanze F2A oil & gas field
설치 수심	
수행 범위	일괄발주
제　원	Twin Lattice Structure (GBS) 중량: 14,000ton 저장용량: 150,000bbl
공사기간	1999.7~2001.6월

23) TLP

이 름	LUN_A
선 주	SEIC(sakhalin energy investment company)
설치 장소	LUNSKOYE
설치 수심	
수행 범위	일괄발주
제 원	중량: 25,180ton
공사기간	2003.7~2006.9월

기호설명

A_{ij} 선체의 i 운동에 대한 j 방향의 부가질량 및 부가관성 모멘트 ($i, j = 1, 2, \cdots, 6$)

B_{ij} 선체의 i 운동에 대한 j 방향의 조파감쇠계수 ($i, j = 1, 2, \cdots, 6$)

f_n 선체표면에서의 법선방향 속도성분

F_j j 방향의 파강제력 ($j = 1, 2, \cdots, 6$)

G Green Function

J_0 0차의 제1종 Bessel Function

Y_0 0차의 제2종 Bessel Function

H_0 0차의 Struve Function

Re 복소수의 실수부

Im 복소수의 허수부

K 무한수심에서의 파수

K_{ij} 복원력계수($i, j = 1, 2, \cdots, 6$)

L 선체의 길이

d 선체의 흘수

B 선체의 폭

M_{ij}	선체의 i 운동에 대한 j 방향의 질량 및 관성모멘트
n	선체표면에서의 외향 단위법선벡터
n_j	j 방향에서의 방향여현
$\widehat{N}_{ij}$	무차원 조파감쇠계수
$P(x,y,z)$	유체 중 임의의 점
$Q(x',y',z')$	선체표면 S 상의 점(source point)
r	선체중심에서의 선체표면상의 임의의 점에 대한 위치벡터
r	$\sqrt{(x-x')^2+(y-y')^2+(z-z')^2}$
r'	$\sqrt{(x-x')^2+(y-y')^2+(z+z')^2}$
R'	$\sqrt{(x-x')^2+(y-y')^2}$
S	선체표면
t	시간
Y_j	선체의 중심에 있어서 j 방향의 운동진폭 ($j=1,2,\cdots,6$)
α	파의 입사각
ζ_a	입사파진폭
ρ	유체밀도
$\sigma(Q)$	선체표면 S상에 분포시킨 Source Strength
Φ	시간항을 포함한 속도포텐셜
ϕ	시간항을 생략한 속도포텐셜
ϕ_0	입사파의 속도포텐셜
ϕ_7	산란파 속도포텐셜(Diffraction Potential)
ψ_j	j Mode운동의 단위진폭속도에 대한 방사파 속도포텐셜 (Radiation Potential)
g	중력가속도
ω	원진동수
∇	선체의 배수용적
F_x	x 축에 작용하는 힘의 성분

찾아보기

참고문헌

박노식, 해양구조물설계 강의노트, 2008

박노식·엄병섭, 쌍동형 부유식 소파제의 소파성능에 관한 연구, 울산대학교, 학위논문, 1998

Gunter Clauss, 해양구조물공학, 韓國學術振興財團飜譯叢書 153, 미리내, 1977[1] 小林浩 著

O. M. Faltinsen, Sea loads on ships and offshore structures, Cambridge University, 1990

박노식, 半潛水式 海洋構造物に働く 流體力に 關する 硏究, 日本廣島大學, 學位論文, 1984

Newman, J. N., Second order slowly varying forces on vessels in irregular waves, Inter. Symp. on Dynamics Marine Vehicles and Offshore Structures in Waves, London, 1974

Hess, J. L & Smith, A. M. O, Calculation of nonlifting potential flow about arbitrary three-dimensional bodies, J. Ship Research, Vol.8 No.3 Sept, 1964

Morison, J. R. , O'Brien, M.P., Johnson, J. W. & Schaaf, S.A., The force exerted by surface waves on piles, Pet. Trans., 1950

대한조선학회, 선박계산, 동명사, 1997

山下誠也, 浮體の能動形 動搖制御の一實驗 11th Ocean Engineering Symposium,

日本造船學會, 1992
田才福造, Semi-Submersible Catamaran Hullの 規則波中 の運動 について, 西部造船會. 第40號, 1970
박노식 · 김종현, 손상 상태에서의 반잠수식 해양구조물의 운동 응답 및 표류력에 관한 연구, 울산대학교, 학위논문, 1988
박노식 · 곽석환, 반투과성 수직 원통형 부유 소파구조물의 개발에 관한 기초 연구, 울산대학교, 학위논문, 2002
Seiya Yamashita and Masaaki Sai, "A study on wave transmission and motion of pontoon type floating breakwaters"., Third symposium on ocean wave energy utilization, 1988
J. N. Newman, The drift force and moment on ship in waves, J. S. R., 1965
Hajime Maruo, The drift of a body floating on waves, J. S. R. Vol. 4, 1960
염덕준, 해양구조물 운동론, UUP, 2010.6
Det Norske Veritas, Rules for the Classification of Fixed Offshore Installations. 1989
조철희 · 이영호, 해양에너지 개론, 대선도서출판, 2008
한국해양환경공학회, 해양환경공학, 동화기술, 2008.5
藤井清光, 海洋開發, - 기술과 그장래- . 동경대학출판회, 1977
柳 哲雄, 海의 科學, 恒星社厚生閣, 1988. 10
Sung Youn Boo, Han Suk Choi, Introduction to TLP Design Basics and Deepwater Technolo효 부산대학교 출판부, 2008, 6
유상수, 계류시스템 및 라이저, 부산대학교 출판부, 2008. 6
Angus Mather, Offshore Engineering An Introduction,
(株)日本造船學會海中技術專門委員會編, 海中技術一般, 成山堂書店, 평성4
박인태, 해양자원과 활용, 학문사, 1997.3
권순홍,부성윤,최항순 공역(O.M.Faltinsen원저), 해양환경하중, 동명사.2000.1
寺井精英(Kiyohide Terai), 海洋情報都市, 三光인쇄印刷, 1986
최홍배, 해양법, 2002.4
대한조선학회, 해양공학개론, 동명사,2005.7